台灣地圖
036

台灣有機生態家園

施云 ◎著

歡迎來走走！

27處極具潛力的有機生態社區
訴說人與土地應該建立的友善關係
其成功經驗為台灣農村提供了未來發展的最佳範本

台灣有機事業與志業

前兩年，由於書寫《台灣有機茶地圖》一書，跑遍全台灣各茶山，探訪在台灣深山角落認眞耕耘著的茶農們，幾次峰迴路轉，在前往有機茶園的路上遭遇小意外，進一步感受堅持有機種植，以及友善環境的農事生活，在當代台灣社會中，並不容易。

不容易的是，這些農友，無論老少，首先都需面臨親友或鄰里的質疑眼光，多數被認爲是「傻子」，即使近期連環爆的食安問題，依然有許多人對於農藥問題並未覺醒。

不容易的是，台灣土地在經濟發展論述主導下，已然過度開發，或者飽受農藥摧殘後，想要眞正耕耘一大片有機農園，其實比想像中困難，有心人或許退而求其次地聲稱所採用的是所謂的「自然農法」，然而，想要找一片遠離汙染、完全乾淨的土地，坦白說，在台灣已經不多見了。

因此，只能在深山野林、荒山蔓草中，甚至懸岩峭壁、遭受浩劫後重生的土地上，勉力耕耘出彌足珍貴的有機農園，從整地、除草到放養土地，等待其恢復自然地利，往往5年只是一個基本單位，7年才見成效，10年始有豐收的可能。漫長的等待過程裡，農友所面臨的不只是旁人的譏笑，還有更多生活經濟、技術突破的困頓與自然考驗，一步一步走來不易，一點一滴飽含酸甜苦辣。

緣於此，當有幸看到本書作者施云撰寫的《台灣有機生態家園》文章，內心不免激動，一方面回想起過去千個日子所遇到的可愛朋友們，腦海中始終印著——他們侃侃而談想爲台灣土地留下希望，臉上泛著人性光輝；另方面，也深刻體會作者探寫過程中的付出，尤其所探訪的地區多數位處遠方部

落，南來北往與山林穿梭肯定花費不少心力，透過本書，讓我們得以一窺這些堅持著友善自然耕種法的四方朋友，聆聽他們的生命觀，藉由書本跟隨他們呼吸，食材都變得精彩豐富許多。

　　不過作者的採寫歷程，也是令我羨慕的，畢竟能藉此探訪許許多多有理念與認真生活的各地朋友，這絕對是作為讀者極為嚮往與渴求的生命歷程啊！

　　所以，不妨翻開本書，泡杯好茶，坐下來細細閱讀品味，跟著作者神遊這些潔靜之地，或者，索性帶著書出門，親自探訪深山部落裡的農友吧！

葉思吟

《台灣有機茶地圖》作者、《小日子》享生活誌專案總監

2015.05.25

有機農業在原鄉部落

　　「台灣中央山脈」是台灣的生命與核心價值。16世紀葡萄牙人的船隻經過台灣島，船上水手一望，看到此島嶼上有一座壯麗的山脈、亭亭玉立，他們直呼爲。哇！「Formosa！Formosa──」，葡語之意即爲「美麗寶島」。事實上台灣島就是因爲有「中央山脈」而被稱呼爲「美麗寶島」。

　　台灣原住民部落圍繞分布在中央山脈周圍，山林中每一個角落，處處都有原住民走過、踏過、耕作過的痕跡。實際上中央山脈函蓋範圍，皆屬於原住民的「傳統領域」。因此原住民有責任與義務維護中央山脈之原貌與自然美。所以原住民地區從事農耕，一定要採取有機農業經營，防止「汙染源」進入中央山脈。

　　中央山脈仍處於潔淨與清靜之大自然生態平衡狀態下，這是實施有機農業經營最佳生長環境條件，只要合法的農耕地，皆可設置有機農場。在此條件下，其土壤、水、空氣係純自然狀態，有機農產品驗證沒有障礙，經營有機農業，必定是優質的有機農產品，唯一的問題只是原住民願不願意做。

　　原住民世居中央山脈已習慣於山區生活，已溶入大自然生活，可與大自然現象對話，已具備大自然的智慧，山區自然農法是他門的專長，所以有機農業耕作技術，尤其在坡地，應是駕輕就熟、輕而易舉之事，不過特別要留意的是，有機農場一定要確認屬於合法農耕地，因爲會牽涉到有機農場能否通過有機驗證，取得有機驗證證書與合格標章。

　　「有機農業日」已訂定在每年11月11日，標榜「有機台灣，美好的未來」。其宗旨就是要積極推動有機農業的工作，最終希望建構公平正義的有機社會，共同建設台灣成爲有機國家。在原鄉社會，

我們則以「有機原鄉、幸福生活」為願景。所謂「幸福生活」就是生活在潔淨的土地上，同時更珍惜此土地不要被汙染，在這種環境中生活的人，必然是過著「幸福生活」。從事有機農業工作者，應充滿了快樂與活力，且應少煩憂，因其分秒所做的事、心中所想的事都是善事，況且生活在健康的環境中，食用健康的食品。今天世人應有所覺悟，除了致力於「回歸自然」，並應投入有機領域中，「自然、健康、快樂」的生活。

　　「有機農業」在原鄉部落的貢獻，除了有效防止汙染源進入原住民地區，確保原住民地區處於健康環境與生產健康食品供人類食用外，更重要的是如果所有機農場皆成為「原鄉部落生態旅遊休閒體驗的景點」，其功能發揮將更巨大。此時「原鄉部落生態旅遊事業」也可正式進入營運轉動，由此部落傳統文化傳承與原植部落經濟的行動，接續熱烈展開，而持續至永遠。

　　原鄉部落族人，自部落出發，經由「部落總體營造」，落實「原鄉部落生態旅遊」之啟動與營運，塑造「原鄉自然活力部落」，以達「台灣自然活力有機島」。之後更與新加坡「科技活力城市」接軌，形成一幅最完美的「自然與科技人類生活」至高境界。

羅瑞生

力里部落有機農業產銷班輔導員

2014.12.15

有機驗證與行銷

　　台灣是一個寶島，台東是我從小到大生長的一個美好的環境。然台東擁有好山、好水、好空氣、自然環境資源及多元民族的文化性，但擁有這些天然資源，若不善加使用增加其附加價值，就會淪落為「好山、好水、好無聊」。

　　台東沒有重工業，一直以來是以一級傳統農產業居多，在長期交通不便利、休耕補助的情況之下，台東有很好的自然環境及天然資源，是非常適合推展有機永續的栽種法。而台東一直以來給予消費大眾的印象即是台灣最後一塊淨土，所以所孕育出來的農產品是最自然、健康、安全的。

　　有機農業是一種較不汙染環境、不破壞生態，並能提供消費者健康與安全農產品的生產方式。有機農業之定義因各國法律之規定而不同，隨著農業技術的演變，有機農業法規的要求亦漸趨嚴格。根據農委會的定義：「有機農業是遵守自然資源循環永續利用原則，不允許使用合成化學物質，強調水土資源保育與生態平衡之管理系統，並達到生產自然安全農產品目標之農業。」2007年1月，農委會開始實施「農產品生產及驗證管理法」，「有機農業」及其產品即納入政府的法律規範。

　　民以食為天，而食以「安」為先。近期的食安問題及消費者養生健康意識興起，除了食材多樣化外，消費者對食的安全需求與期待愈來愈高，才會有有機驗證法規的認證及規範，來確保有機的安全品質與保障。

　　有機農夫市集的經營，屬於一種直銷的方式，是一種農民直接銷售農產品給消費者的方式，簡單的說，就是一種「以小農為主，於固定時間在固定地點舉行，由農民親自販售農產品的行銷經營組

織」。一個市集的產生，基本上需要一群具有相同理念且能長期經營合作的農民、一個適當的場地（可吸引人潮和交通方便）和設備（帳篷、桌椅和廣告看板等）、一個有熱忱的經營團隊（包括經理人和少數工作人員），以及許多具有愛心耐心的志工，才能使市集有效運作。而經營團隊必須擬定長期的經營計畫和有效的分派工作任務，包括媒體宣傳、場地布置和教育訓練等，都得有完善的實施目標和時程，才能有事半功倍的效果。

　　我在接觸協助經營管理台東大學有機農夫市集已滿4年了，當初接這一份工作，只是看到農民由慣行轉作有機時，初期產量驟減、勞力除草、要用一切自然防治方法抵抗病蟲害等的堅持，且轉作的前五至八年的時間要努力養地，有機栽種是副業，本業可能是鐵工、可能是鋁門窗師傅、可能是木工師傅等，但他們只有一個想法——「種出自己敢吃的，大家才敢吃，要大家吃的健康快樂」，就這麼簡單的快樂分享。但一般的消費者認知有機的價格比慣行的蔬菜貴了2倍以上，讓這群農民堅持友善耕種方式，但卻苦於賣不出去。因此我願意投入協助經營行銷，運用面銷、有機分享課程、農場體驗旅遊、有機農夫的縣外觀摩、經營行銷課程、市集與其市集的展售交流等策略，讓這群有機農夫們，以當地當季的新鮮蔬果，親自分享（銷售）給消費者，將自己栽種的心路歷程用分享的角度推廣給消費者，節能減碳、降低食物旅程，減少生活環境的汙染。並由有機農夫將有機農產品的價值以說故事的方式來銷售，為在地有機農產品，說真實的故事，分享農民尊重土地、珍惜土地的行動，真實的生產歷程，讓消費者認同有機農產品的價值，積極推廣有機理念與價值，除建立忠誠度的消費顧客外，也將有機理念逐步深植在有機的消費族群心中。

　　現國內栽種有機的農地，受地形等影響，都是小面積農耕，唯有整合起來共整合打造團體品牌銷售。由這4年的台東大學大機農夫市集推廣行銷的經驗來看，消費顧客群檢視、稽核、體驗這群友善環境的耕種者，同樣的，這群有機農夫們堅持有機終獲得忠誠顧客外，並因此而增加行銷通路，且因有機市集群聚產業共同推動滿足消費者得以永續經營，雖然此時速度並不快，但卻是年年往上提升。

就整體而言，面對規模化經營的慣行農業的競爭，有機農場目前規模都不大，不容易發揮規模效益，如果能夠借重社區的力量和透過社區人際網絡，使生產者和消費者因密切互動而互利，必能使台灣有機農業之發展因在地化而覓得一線生機。以農夫市集的經營方式來看，長久而言，必可讓鄉村社區、自然環境、農民和消費者都受益。對於小農來說，不僅可以減少中間商的價差損失及農家的收入，更可以提升農民的交際能力和自信，同時對於農民的交際應對、解說服務能力，是一個很好的訓練場合。因此農夫市集，不只是為小農尋覓一個行銷出路，為消費者提供真正的食物，更因為減少食物里程，有助於社區之永續發展，放眼未來，這是台灣農業和鄉村發展未來應該走的路。對於參與市集的農夫們，除了合理的銷售利潤，以及曝光率增加所帶來的外部訂單等經濟效益，經由直接面對消費者及其他生產者所產生的社會鑲嵌，農夫市集對於農民更具有建立信任關係、累積產銷知識等社會效益。長期而言，且能支持小農制度、建立在地食物網絡、厚植有機或生態農耕方法和社區永續發展。

楊春桂
台東大學育成中心專案經理

歷經一年的有機之旅

在尋找有機聚落的過程中，讓我重新認識台灣這片所生長的土地。

從寫這本書開始，為了依循作物季節，我在台灣各鄉村來來回回跑了好幾次，從2013年9月中旬出發，搭乘火車、公車、機車、便車等交通工具，先跑了東海岸三個月，其間還順道拜訪朋友，玩了一段時間；隔年5月中旬再度出發，這次先買了一輛二手休旅車，讓鄉間旅程更順暢，也可以跑更多地方，趁機多看看台灣，直到11月中旬才結束旅程。

歷經這一年多的策劃與走訪，我一共拜訪了台灣三十多個村落，挑選其中27處符合我所設定的有機聚落條件：一、以有機無毒耕種作為社區發展目標；二、有機或友善耕作實際面積達於10公頃或具一定規模；三、推動社區種植有機自然農作已達於三年以上並穩定發展；四、已有當地人或在地社團將社區有機農戶做整合或推廣；五、以有機耕作推動生態導覽或農村體驗，將消費者帶到作物產地以認識生產環境與過程。

關於本書所預設的目標讀者群，我也有一些想法：一、想去有機生產區做深度了解兼生態旅遊的社會大眾；二、想尋找可信賴的有機健康作物的消費者或銷售員；三、想了解他人如何成功穩定量產有機作物的農民；四、對有機農法有興趣並願意加入社區共同努力的新農民；五、想推動有機農村與生態導覽的社區營造員。因此，本書的每個篇章除了介紹有機農業在當地的發展過程與現況之外，我也以當地的地理環境與人文發展做出發，因為我認為一個社區的產業發展與社區營造，必然有其地理環境與歷史發展脈絡，由此出發的書寫，也讓讀者對該社區有更鮮明的環境與人文概念。

對於本書的問世，我期望達到一些積極的意義，對社區來說：
一、鼓勵用集體力量來影響有機農業的推動；二、藉由有機農業的發展
帶動農村的活絡並促使年輕人回鄉發展；三、生態導覽等旅遊行程可使
農村發展更加多元。而對讀者來說：一、透過導覽與體驗的旅遊行程可
兼具感性與知性；二、消費者與生產者直接接觸可增進對食物來源的信
任；三、直接向農夫購買有機作物可避免中間過高的差價。

這一年多探訪了這麼多有經驗的有機農夫，當然也吃了不少好吃
又健康的有機食物，算是我長途旅程中的一點慰勞。這些有機作物有些
共同特點：一、葉菜厚實不易脆，色澤自然；二、香氣宜人，甜味爽
口；三、耐保存，不易腐爛。吃過有機作物的人，很難不愛上它們，也
有年紀稍長的人說：「把從前的美味找回來了。」原來人生的美好，只
是在於返樸歸真，不要想得太多又做得太少，要得太多又犧牲美好，多
得不償失啊！

我常對人說，寫這本書我不奢望可以賺到錢，因為台灣旅費不
貲，尤其住宿費驚人，油資也很貴，而台灣出版業的蕭條也不是新聞
了，所以如果可以收支打平我就謝天謝地了；但是透過撰寫這本書，我
賺到了認識台灣這片土地的機會，看到有那麼多人為台灣的永續環境而
努力，讓我感到欣慰，看到台灣山川與鄉間的優美景色，讓我的旅程充
滿喜悅；當然，對於有機農業的認知，幾乎是從零到現在的有些概念，
甚至是有些想法，也是我很大的收穫。

謝謝這一路上的老師，這些受訪者個個是我的有機老師，你們讓
我了解有機種植是一門很深的學問，對氣候、對土壤、對作物、對蟲害
都要有很深入的了解，才能用健康安全的方法種出美味又美觀的蔬果，
用心待之，將獲回報；也謝謝兩位幫我寫書序的有機專家，彌補了我這
位非有機專業的寫書人；還有這一路上收留我的朋友們，讓出門在外的
旅人，永遠不感孤單與寂寞。感謝你們，也祝福大家！

施云

2015年06月，淡水

[目次]
Contents

〔目次〕Contents

有
機
難
不
難
？

有機的價格與價值

　　一般，我們對有機作物的印象是：又醜又貴，似乎這兩個結果是它的宿命；但是在我拜訪近百位有機農民與專業者之後發現，原來現在有機技術臻於成熟，只要用對方法，有機作物不但不醜，而且產量直逼慣行。所以有機農法是否能有被普遍使用的一天，就是有機作物可能平價化的一天。

　　我一直認為，食用健康安全的食物，只是人民的基本權益而已，如果有機作物只是少數付得起或捨得付的中產以上階級者才能食用，這將使基本民生物資成為一種階級，我並不樂見！

　　我們都知道，推動有機農業的價值並不只是在追求更高利潤而已，而是對環境的永續、對健康的重視、對生命的友善，也就是在「生產、生態、生活、生命」四個面向都得到好處；然而，「利潤」卻是引發農業生產者參與有機耕作最直接的誘因，很多人是因為看到商機、看到趨勢，而加入有機耕作行列，所以「價格」與「通路」成了有機農業是否能持續推動的最主要關鍵。

　　然而，什麼才是「合理價格」？許多有機農夫因為買了比化肥昂貴許多的有機肥料而增加了資材成本，所以提高了售價；也有許多農夫雖然自己堆肥，有機資材成本比慣行還低，卻因為砍草、抓蟲等人力成本的增加，仍然將成本轉嫁到售價上，比慣行高出好幾倍。

　　另外一個決定價格的因素是「產量」，那就要問：用有機農法是否會減產？減產多少？依據我採訪近百個有機農夫所得到的結論：如果方法得宜，有機作物的產量在三至五年之後，並不見得會比慣行少，最多少一成，但也有比慣行要多的，而且種出來的作物色澤自然、外型漂亮、香氣純郁，其賣相並不下於慣行作物。

台灣的有機農法

　　那什麼是「方法得宜」？我沒有親自務農，不敢掛什麼保證，但是依據採訪經驗，我將有機農法分為三大類，這三類可能有它自己的其他名稱，但因為台灣對於有機農法名稱還有點分類不清，所以在此依據其差異性，大膽用自己的方式來做以下分類與概述，當然也有農人是這三類混合應用的：

一、有機農法：買現成的有機肥料、用現成的生物或物理殺蟲方式來進行有機耕作，其優點是節省較多人力，缺點是資材成本較高，而有些資材的使用並不顧及生態（例如：對人無害的苦茶粕卻對生態有巨大影響）；產量大致來說，第一年約為慣行的五成，第二年為六成，第三年為七成，之後可能達於八、九成，而且作物很漂亮。

二、自然農法：這裡指大家較熟悉的「秀明自然農法」，也就是「無為而治」，不施肥、不除草、不除蟲，讓作物自然生長，利用生態循環與生物自我適應的道理來耕作，所以優點是省人力、顧生態，缺點是產量低，大約是慣行的五成，品相也會較差；但有些農民會稍加除草與施肥，也會驅蟲，讓產量可達於七成。

↑彰化溪州圳寮村生態基地旁的無毒水田

三、 益菌農法：這名字可能是我首創，但方法用的人很多，有人稱此爲「綠生農法（專指日本微生物專家星野忠義所傳授之農法）」，有人稱爲「自然農法（因爲日本自然農法中的某些派系也使用）」，也有人只說是「有機農法」、「生態農法」，莫衷一是，所以我乾脆自創了一個新名詞好做識別，基本上就是相當於泰國的「KKF自然農法」，他們都是利用微生物（益生菌）來使堆肥發酵，作爲植物的養分，益菌來源可以購買，也可以自採或培養。堆肥材料包括：農業廢材、廚餘、自然落葉、動物糞便、骨頭等有機質，有研究的農夫知道自己的作物需要什麼養分就用什麼材料來堆肥。這方法其實又回到老祖先的方法，只是以科學分析來補充營養並刻意加入益菌幫助發酵，只要發酵完全，這些堆肥的氣味就如同健康土壤一樣芳香；而這些有機肥料可以幫助改善土壤品質，使其恢復健康，一旦有了健康的土壤，自然就會抵禦病蟲害（就像人的身體一樣），再適時、適量、適性補充土壤所需養分（就像人的體質即使很好也一樣要吃健康食物才能維持好體力），種出的作物在產量與外型上皆可媲美慣行，甚至有過之而無不及，作物口感更是所有農法中最佳者。只是此農法需要前面三至五年的土質改良期（因爲我們的土壤已經生病很久了），這也是許多農民無法承受的原因；當然還有另一個因素也讓農民不敢輕易使用：太費工了！

有機生態與心態

這又讓我想起當年化學肥料是如何產生的？爲了增產增色、爲了節省堆肥的人力成本，所以台灣在日本時代就開始使用化肥了，而化肥帶來的傷害就是使土壤貧瘠、酸化、鹽化，也汙染了水源，也可能傷害了人體健康，並且使作物失去抵抗病蟲害的天然能力；加上產量增多，以及大面積的單類作物種植，更容易招致病蟲害，種種因素都迫使有毒的殺蟲劑、農藥不得不被發明出來，多年下來，病蟲都產生了抗藥性，讓農藥越來越毒，也毒害了土地、毒害了生態環境、毒害了人體健康；至於除草劑，更是農民爲了減少人工砍草成本而被使用，有些施行有機農法的農民也很愛在田埂上偷灑，只因他們已經習慣讓雜草消滅殆盡！

「有機並不難，難在於心」，這句話我深刻體認，雖然我不務農，但已經有這麼多農夫告訴我他們的有機種植經驗與心得，我也相信

有機耕作並不難，只要肯學習、肯勤快，任何行業都可以有自己的一片天，有機農業也不例外！如果說辛苦，我相信做農是很辛苦，要風吹、要日晒、要雨淋，有些人還要深夜出門去抓蟲、除螺，如果沒搭溫室、沒灌溉系統，還得看天吃飯，加上有機耕作要砍草，甚至要堆肥，怎能不辛苦？但努力付出必有收穫，哪個行業不是如此？在城市討生活難道就比較輕鬆？或許體力付出較少，但腦力付出大，工時長也是常有的事，不用看天吃飯卻要看老闆臉色吃飯，難道就不悲哀？每個行業都有自己的辛酸，而每個人也都有自己的專長與能力，把自己放對位置、做對的事，讓自己在世界上產生價值，讓子孫與自己都能同享幸福生活，這就是人生最大的意義！

生命的思考本是環環相扣的，沒有任何事物可以單獨存在，世間萬物就是一個生命共同體，有果必有因，有因必得果，農人應該更懂得這個道理。

社區與政府聯手創造有機產業

再進一步說說，為什麼要推廣社區做有機農業，或者說，為什麼做有機農業要從社區來推廣？

前面提到，有機農業很費工，如果不想「無為而治」的話；但台灣農村老年化是眼前的事實，台灣的糧食儲備率也很低，加上各種國際貿易協定接踵而來，台灣農業正面臨極大的危機。所以推動農村再生，應從推動農業有機化著手，一方面鼓勵農地永續使用，一方面帶動農村多元發展，尤其食安問題嚴重的今天，大家對於食物來源與生產過程越來越重視，推動農村有機耕作，藉由社區力量讓更多農民知道「有機」的重要性，

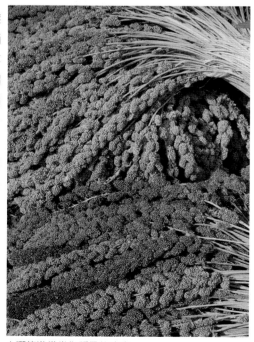

↑曬乾準備當作種子的小米

17

↑ 色彩繽紛宛如彩虹瀑布般的紅藜

對生產者、對消費者、對整個社會與國家，以及對生態與環境都具有重大意義與責任。

再者，台灣現在以小農居多，有機耕作需要整體環境的配合，帶動社區一起做有機，讓有機更容易施作，也是其中一個原因；更重要的，運用社區集體力量，可以讓一些工作分工，例如：行銷、理貨、包裝、後製、堆肥等，甚至衍生出來的旅遊、住宿、飲食等，更可以藉由社區協商與互助來朝向良性發展；當然，這也考驗了一個社區的向心力，所以領導者的能力與品格就顯得相當重要，也使得有機社區的報導與推廣更加難能可貴。

如果政府願意全面推廣有機農業，應該不僅有目前所做的技術指導，還要幫農民找到通路，例如使用「契作」與「保價收購」方式，以及在天候不佳而致減產時，也應該有所補貼，以保障農民收入；還有很重要的一點，前面三年也應該補貼農民在改良土質期間的減產損失，甚至「有機驗證」價格不應高不可攀，程序也應盡量簡便，甚至主動提供協助。

如此一來，有機成本降低，有機面積增加，市場產生自然競爭，零售到消費者手上的價格也會自然降低，促成需求量增加，供給面也會

增加，產生良性循環，讓台灣人都能食用安全健康作物，自然也可以減低醫療支出，培力國本，何樂而不爲？

另外，面對從國外進口廉價農作物對台灣農民的衝擊，政府也應該要有妥善管理與配套措施，補己所短而非奪己所長，避免台灣農民遭受巨大損失，也造成農地大量廢耕現象；尤其要把食物運送里程數所造成的不必要碳排量加入計算，這才是眞正的「有機」。

而民間現下推行的「直接跟農夫買」也頗具美意，不僅減少中間盤商的剝削，也建議消費者直接到產地參觀認識，了解生產者從事有機的心態，更是購買安心食物的最好方法。

未來的有機思考

台灣現今農地買賣風氣盛行，加蓋「農舍」成爲別墅，或是移作非農用，正是因爲普遍認爲農業產值太低，年輕人大多不願以農爲業，而老農漸逝，土地又不太可能放著繼續荒廢，變賣農地成了必然趨勢。當農地紛紛蓋起一棟棟豪宅，或許我們應該思考的不只是阻止農地變建地，而是如何讓農地繼續產生它的農用價值，或是綠色價值，而有機農業與休閒農業的並行，正是在解決大量土地水泥化爲人類所帶來的危機。

那「有機」到底行不行？許多受訪的有機先行者都提到一個共同點：最初自己做有機或推動社區做有機時，總是被人嘲笑、看衰，正如有位受訪者說：「有機就是有『飢』和有『譏』」，但是他們也都用時間和毅力證明，「有機」並不「有譏」，也不「有飢」。有位受訪者更私下坦言：以他種植十多年的有機經驗，一公頃農地半露天、半溫室的情況，他現在每個月的淨收入可以達到十七萬，當然這必須跟他一樣勤快才行，一切都自己操作而不假手他人，包括自行堆肥、四處找價廉甚至免費的有機資材。所以有機農業絕不是空中樓閣、唱高調，一切端賴施行者的決心。

除了創造農地的經濟產能之外，也要導入生命價值的眞正意涵，以追求靈性、知性、感性的成長爲目標。當氣候暖化、冰山融解、洪水瀰漫土地的那一天，即使用財富打造的方舟救得了一時，也救不回消逝的所有。人類文明走到今天，我們應該積極思考的是如何創造永續的生命，讓一切生生不息；而農地的有機利用，不僅讓環境永續，也讓子孫財富得以永續，「有土斯有財」不是一句過時的話，而是亙古不變的道理！

台灣有機生態家園地圖
一張台灣地圖，看見有機家園

宜蘭縣蘇澳鎮 大南澳地區
特色｜被譽為「宜蘭中的宜蘭」，三面環山、一面臨海的天然環境，正適合發展有機村。

宜蘭縣三星鄉 行健村
特色｜以「合作社」作為經營方式，使老農、新農一起加入有機耕作行列的有機示範村。

花蓮縣秀林鄉 西寶社區
特色｜位於太魯閣國家公園內，成為國家公園內的有機社區，並以「黃嘴角鴞」作為綠色保育標章。

花蓮縣豐濱鄉 港口村
特色｜有知名的石梯坪風景區，世居於此的阿美族人，透過水梯田的復育，成功種出「海稻米」。

宜蘭縣冬山鄉 中山村
特色｜全國休閒農業示範區，村民齊心打造成為一座優良的國際有機休閒養生村。

花蓮縣壽豐鄉 豐田地區
特色｜壽豐是花蓮縣第一個以政策推動有機無毒農業的鄉鎮，其中的豐田地區在社區組織推動下，將打造成一處環境教育場所。

新北市三芝區 八連溪社區
特色｜是新北市第一個通過農村再生計畫的社區，以有機無毒耕作、生態農村體驗，活絡大都會郊區的傳統農村。

桃園市大溪區 義和里
特色｜擁有農村典型景觀：農田、農舍、水圳、竹籬笆等人文資產。

新竹縣尖石鄉 石磊部落
特色｜聚居於此的泰雅族人，在多年前的一場嚴重風災後，期望以有機農業與生態觀光作為發展主軸。

南投縣仁愛鄉 眉溪部落
特色｜南豐村的眉溪部落是賽德克族的家鄉，近年以綠生農法來發展有機農業。

南投縣中寮鄉 龍眼林社區
特色｜以「有機農業」作為社區產業發展重點之一，在居民同心協力下，將發展成為宜居宜遊的養生樂活社區。

彰化縣溪州鄉 尚水團隊
特色｜在當地團隊「溪州尚水」的帶領下，農民種出安全健康的稻米與果樹等作物。

嘉義縣阿里山鄉 瑪納團隊
特色｜「瑪納團隊」努力學習有機農法，兼顧環境保護與農民生計，成功為原住民部落的有機產業立下典範。

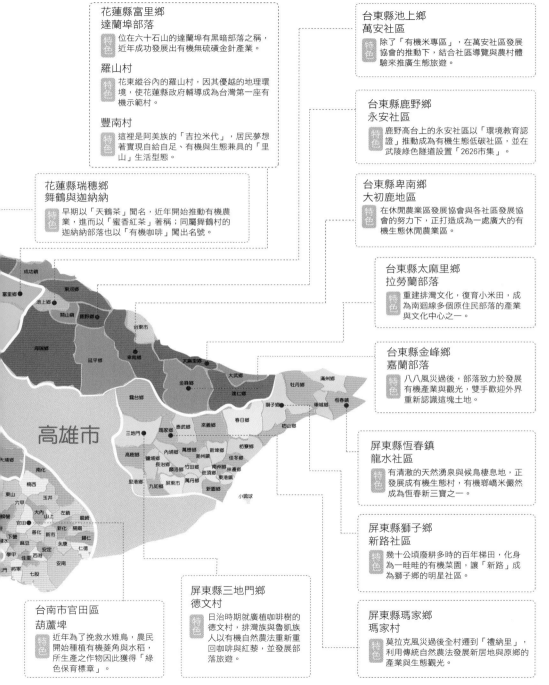

花蓮縣富里鄉
達蘭埠部落

特色　位在六十石山的達蘭埠有黑暗部落之稱，近年成功發展出有機無硫磺金針產業。

羅山村

特色　花東縱谷內的羅山村，因其優越的地理環境，使花蓮縣政府輔導成為台灣第一座有機示範村。

豐南村

特色　這裡是阿美族的「吉拉米代」，居民夢想著實現自給自足、有機與生態兼具的「里山」生活型態。

花蓮縣瑞穗鄉
舞鶴與迦納納

特色　早期以「天鶴茶」聞名，近年開始推動有機農業，進而以「蜜香紅茶」著稱；同屬舞鶴村的迦納納部落也以「有機咖啡」闖出名號。

台東縣池上鄉
萬安社區

特色　除了「有機米專區」，在萬安社區發展協會的推動下，結合社區導覽與農村體驗來推廣生態旅遊。

台東縣鹿野鄉
永安社區

特色　鹿野高台上的永安社區以「環境教育認證」推動成為有機生態低碳社區，並在武陵綠色隧道設置「2626市集」。

台東縣卑南鄉
大初鹿地區

特色　在休閒農業區發展協會與各社區發展協會的努力下，正打造成為一處廣大的有機生態休閒農業區。

台東縣太麻里鄉
拉勞蘭部落

特色　重建排灣文化，復育小米田，成為南迴線多個原住民部落的產業與文化中心之一。

台東縣金峰鄉
嘉蘭部落

特色　八八風災過後，部落致力於發展有機產業與觀光，雙手歡迎外界重新認識這塊土地。

屏東縣恆春鎮
龍水社區

特色　有清澈的天然湧泉與候鳥棲息地，正發展成有機生態村，有機瑯嶠米儼然成為恆春新三寶之一。

屏東縣獅子鄉
新路社區

特色　幾十公頃廢耕多時的百年梯田，化身為一畦畦的有機菜園，讓「新路」成為獅子鄉的明星社區。

台南市官田區
葫蘆埤

特色　近年為了挽救水雉鳥，農民開始種植有機菱角與水稻，所生產之作物因此獲得「綠色保育標章」。

屏東縣三地門鄉
德文村

特色　日治時期就廣植咖啡樹的德文村，排灣族與魯凱族人以有機自然農法重新重回咖啡與紅藜，並發展部落旅遊。

屏東縣瑪家鄉
瑪家村

特色　莫拉克風災過後全村遷到「禮納里」，利用傳統自然農法發展新居地與原鄉的產業與生態觀光。

北宜地區

生態家園

雪山山脈阻隔了兩側平原，也連結了這一區塊，大漢溪與蘭陽溪孕育了這裡的山林與平原萬物，讓泰雅等族世居於雪山之中，並堅忍捍衛著家園，閩客漢人來到此處平原，與原居於此的平埔族共同打造了美麗的家園。

001

新北市
三芝區
八連溪社區

| 敲 | 門 | 磚 |

■ 位在新北市三芝的「八連溪有機生態村」，是2010年「農村再生條例」通過後，新北市政府第一個審核通過農村再生計畫的社區，以有機無毒耕作、生態農村體驗，活絡大都會郊區的傳統農村。

| 社 | 區 | 風 | 貌 |

八連溪為何有八連？

七、八十萬年前，大屯火山的一次爆發，形成了現在的竹子山，其熔岩像爪子般流向北方，塑造了現在的北海岸地貌，眾多凹谷也逐漸形成一條條溪流。其中一條名為「八連溪」，成就了昔日稱為「小基隆」的三芝，也孕育了古時就被稱為「八連溪」的右岸，今天則稱為「八賢里」。近年以「共榮社區」為範圍，實施農村再造，除了八賢里全部轄區之外，還有一小部分的埔頭里、埔坪里，並在一位退休老師的帶領與推動下，成立了「八連溪有機生態村」。

「八連溪」之所以得名是因為以前這裡住了八戶相連的人家，他們是三百多年前來自福建汀州永定的客家人，以「江」姓為最大戶，如今仍存有兩間完好的古厝。八賢村的客家人不因為與福佬人的共生共存而喪失了自己的文化，數百年來，他們依然堅持客家人的傳統文化與禮俗，例如在過年時，三芝市

01 江文波在古厝介紹收藏的古物
02 可食用的蓮花
03 八連溪生態池

場可以看見客家人過節會吃的「丁粄」，而這裡的掃墓時間也從此時逐漸展開，有別於福佬人的習俗。

村子裡的「江氏古厝」也還可以見到客家人傳統的屋頂「轉溝」設計，正廳門聯處也陰刻著江家衍派。江家子孫之一的江文波先生為我展示了他的祖先留下來的多項農家用品，例如：大小竹篩、秤桿、棕掃、簑衣、裝茶的布袋等，他的祖先因為種茶和稻米而致富，眼前的農田和後山都是江家祖產。這裡

也形成一個小型聚落，部分傳統農舍還留下來，也有一棟建於1936年的雙層古厝，屋內格局及家具彷彿還停留在那個古早時光。

早期這裡的居民以梯田耕作水稻維生，「水車」成了汲水的必備農具，一直到日本時代圳道完成，水車才漸漸功成身退。十九世紀，淡水對外商開港之後，因為台北大稻埕的茶葉生意興起，位在丘陵地的三芝就開始種起了茶葉，水車也成了碾碎茶葉的動力來源，江氏古

厝前就有一間當年碾茶的水車坊。到了1980年代，因為工商時代的來臨，年輕人口外流而土地漸漸廢耕；部分仍在耕作的土地，卻因為慣行農法所施用的除草劑與農藥而傷害了地力，生態從此一去不復返，昔日常見的魚類、田螺等，也被福壽螺所取代，連被居民當做美食的青蛙也不見了。

八連溪的再生

在此土生土長的林義峰老師，從教職退休之後，因為有感於維護自然生態的重要，開始教育村民「有機」的概念，花了8年的時間，將各種安全食物與生態慢慢找回來。林老師說：「前四年是整土與復育的階段，此時大多數村民都還抱持觀望態度，參與的人數並不踴躍；但是從第五年開始，因為地力逐漸恢復，種出來的食物逐漸漂亮，村民越來越有信心，投入的人數也越來越多。」之後，林老師於2010年「農村再生條例」通過後，申請成為新北市政府第一個審核通過的農村再生計畫案，同時成立「八連溪有機生態村」。

如今八連溪社區約有18公頃都加入有機無毒耕作的行列，不再灑除草劑和農藥的土地慢慢長出了健康作物，例如：茭白筍、瓜果類、蓮花等等；但因有機認證費用不低，會讓許多小農退卻，所以八連溪社區並不以通過驗證為訴求，而是用良心來耕作。雖然大多數小農還不足以靠有機

01 三芝名產茭白筍
02 華文賢與「心療走廊」的有機苦瓜
03 無毒作物瓠瓜、南瓜、冬瓜

栽種維生，大家卻都種得很開心，每週兩次的假日農夫市集，也經常有回流的遊客購買農產品，供不應求是常有的事。這裡的南瓜普遍種植綠色皮的「栗子南瓜」，黃瓜也有罕見的黃皮種，而這裡的西瓜因為種在山區，口感與風味有別於一般種在沙地的西瓜，這些都成為八連溪有機瓜果的特色。

另外，八連溪的部分廢耕土地，雖然地主無暇從事耕作，卻在林老師的感召下，也提供出來成為

社區的生態池，如今也卓然有成，整個社區已連結成一條名為「心療走廊」的生態與人文步道。例如：農夫市集斜對面的生態池，有一個整地時特意堆砌出來的「福島」，形似台灣島，用來讓停駐的鳥類不受人類與狗兒侵擾，有時可見白鷺鷥、夜鷺（暗公鳥）等鳥類在此停歇；不同的生態池也會種上睡蓮、大王蓮、台灣萍蓬草等水生植物，部分魚類、蛙類、蜻蜓小動物也慢慢在這裡孕育而生。

01 假日農夫市集
02 社區生態導覽與農村體驗的守護者們，左起為洪瑞興、林義峰和江文波
03 八連溪生態池與其中的福島
04 八連溪與八賢村山水相連，彷如詩詞中的意境

農村文化守護者

近一、兩年，社區也開始做團體的生態導覽與農村體驗，在古厝整修而成的「農夫學堂」內開設許多培訓課程，村民從靦腆拙於言詞，到現在各個能說善道，不但豐富了他們的知識，也打開了人生的視野。從軍隊退休的洪瑞興，他加入共榮社區的有機耕作後，讓退休生活重新找到了人生新方向，又便於照顧家裡；而華文賢則從警察崗位退休，也在自家農田種些竹筍、茭白筍等，他們都成為社區重要的導覽解說員，也因此都結交不少好朋友。

林義峰老師也提到最近「八連溪」遭受破壞的事，他說：「共榮社區有一段大約200多公尺的溪流，在區公所與地方居民合力維護下，一直保持自然生態的原始面貌，不像其他溪段已經因為『整治』而被溝渠化。不料前些日子突然被居民組成的巡守隊發現溪邊闖入一台怪手，並且將溪床搞得面目全非，溪邊原有的喬木等植物根系也全都被挖斷，一片狼藉，讓大家看了好心疼！」

雙北市由於高度城市發展，已經很難找到像三芝八連溪這樣願意朝向有機生態發展的社區，多數農地不是等著被開發、被荒廢，就是已經被徵收後蓋起了大樓，少數農田穿插其中，願意發展有機農業的更是微乎其微；而台北人在假日總喜歡往鄉下跑，喜歡親近大自然，尤其現在的食安問題嚴重，能夠擁有像三芝八連溪這樣的有機生態社區，是何等美事，我們能不好好珍惜嗎？

有｜機｜寶｜貝｜農｜民｜曆

1月　2月　3月　4月　**5月**　**6月**　**7月**　**8月**　**9月**　10月　**11月**　12月　全年

栗子南瓜：品種來自日本，又稱日本南瓜，果體較小，肉質密度高，很受歡迎。

6～7月：西瓜、黃瓜、多瓜等瓜類。西瓜因為種在山區，口感與風味有別於一般種在沙地的西瓜。

7～8月 地瓜

蓮藕

茭白筍：茭白筍福佬話稱為「腳白筍」，在三芝又有「三芝美人腿」的美譽，每年九到十月會舉辦茭白筍節，是台灣北海岸最重要的農特產。

↑假日農夫市集展售農家自種的各類無毒農產品

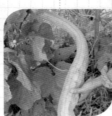
↑有機蛇瓜

↑無毒作物瓠瓜、南瓜、冬瓜

↑茭白筍田

↑蓮花田

🐛**主要作物：**
　栗子南瓜（5月收）、西瓜、黃瓜、多瓜等瓜類（6～7月收）、茭白筍（11月收）。

🐌**次要作物：**
　蓮藕（9月收）、地瓜（7～8月收）。

🐛**農特產品：**
　南瓜饅頭。

🐌**特殊生態：**
　夜鷺（暗公鳥）等鳥類、各種蛙類、各種水生植物。

↑生態池裡種著齒葉睡蓮

人文與生態導覽地圖

[01] 源興居

「源興居」位在「三芝遊客中心」後方，是李前總統登輝先生的故居，主體建築為傳統三合院，黑瓦磚牆，古樸素雅，社區內老榕成蔭。

[02] [03] 福德水車公園

2006年才開幕的「福德水車公園」是三芝最大的水車園區，占地近0.6公頃。除了有大型引導式木造水車之外，還有一座用來淨水的沉砂池，以及一座紅色的「虹橋」跨越八連溪，園區內並種有四季植物以及生態池。

[04] 三芝名人館

位在「三芝遊客中心」內，館內展示三芝四位名人的生平事蹟，有日治時期的一代名醫「杜聰明」、台灣首位國際作曲家「江文也」、第一位台灣直選總統「李登輝」、台灣民主運動前輩「盧修一」。遊客中心內也展示台灣開拓史、三芝鄉史，以及當地的旅遊景點、地方特產等。

新北市三芝八連溪人文與生態導覽散步地圖

諮詢窗口

■ 農村文化體驗
　共榮社區發展協會
　林義峰，0988-589701

德賢路

農夫學堂

生態保育區

無毒產地

● 源興居

農夫市集

三芝名人館

● 三村水車

八連溪

● 蓮花池

福德祠

▲ 往三芝市區

福德水車公園

002
Taoyuan

桃園市
大溪區
義和里

| 敲 | 門 | 磚 |

■ 古稱「埔尾」的大溪義和
里，曾經擁有農村的典型
景觀：農田、農舍、水
圳、竹籬笆，在面臨農村
凋零的窘境之後，當地居
民希望運用這些祖先留下
的人文資產，重啟農村新
生命。

01 義和里農村景觀
02 義和村內的茭白筍田

大漢溪孕育的沃土

　　大漢溪自新竹品田山流出之後，在大溪這一帶形成台階地形，再繼續往北流，成為台北盆地的母親河——淡水河，而上游的石門水庫也滋養了桃竹北地區的幾百萬居民。「大溪」在清朝名為「大姑崁」，今日沿用日本時代的名稱，取其「大漢溪」之名。昔日由於大漢溪及淡水河的河運發達，位在大漢溪中段的大溪成為輸出木材、樟腦、茶葉等的繁華港都，今日則是進入北橫的西側門戶。

　　位在大溪中段的義和里，古稱「埔尾」，現在有一條康莊路（台四線）貫穿其間，北面直通大溪鬧區，南面則連接石門水庫入口，過去曾遍植稻米，錯落著幾棟紅瓦磚大宅；進入工商業時代後，年輕人口大量外流，農田面臨廢耕、休耕，農村逐漸沒落，現有600多戶居民。

推動大溪義和有機村

　　2008年，當地人簡榮瑞先生組織「大溪農村休閒發展協會」，試圖透過休閒產業來活化農村，但

01 義和村內紅磚厝的竹編窗
02 簡榮瑞在竹籬笆旁解說籬笆製作方法

他希望朝向優質的綠色農村方向發展，對於社區裡的新興產業有嚴格的限制，例如必須是無汙染的產業等；2013年開始，更以「有機樂活養生村」為目標，期望打造一個都會人的健康休閒去處。

簡榮瑞先生說：「『大溪義和有機村』範圍為義和里中段約100甲面積，其中已經在種植有機無毒作物的面積約為30甲，包含一部分的有機蔬菜專業產銷，一部分則是居民自己栽種的無毒作物，後者除了供自己食用之外，多餘的便拿到社區的農夫市集販售給遊客。我們也讓遊客親身體驗農事，例如：插秧、割稻、晒穀、採茭白筍、挖地瓜等，也可以搗麻糬、控窯、編稻草人、做古童玩等，讓遊客除了可以食用新鮮健康的作物之外，也可以在充滿農村氣息的義和里體驗民國40、50年代的農村生活。」

在這個典型的農村中，義和里至今仍保留七、八棟古厝，最大一間為「簡家古厝」，也是理事長簡榮瑞先生小時候的住家，他說：「雖然祖先來自中國福建梅縣客家村，但子孫的母語為福佬話，這裡已經是一座閩南村。」更特別的是，義和里到處可見各式竹籬笆，有些是以前保留至今，有些是近年整修重建的；以及，一道引自山上泉水的圳溝，穿流各個田區，其上

有控制水量的閘門、婦女聚集洗衣的石板等。

專業管理嚴格品管

推動義和里成為有機村的另一位靈魂人物，是原本開機械廠的簡連獅先生，他二十年前開始務農，但覺得農藥對健康的危害很大，所以一直很少使用農藥。兩年多前，因為得知義和社區發展協會的簡榮瑞要做有機村的推廣，便一拍即合，展開密切合作。簡連獅先於2011年年底組織「大溪有機產銷班」，隔年年初再組織「大溪有機合作社」，班員遍蓋大溪區，以義和里為最多。目前光是義和里就有

01 古圳道的洗衣石
02 圳溝水路閘門
03 簡連獅的有機菜園

17位通過有機認證，面積共達10甲，包括溫室、裸地等，種植作物以葉菜類居多，還有5甲的稻米。

簡連獅先生說：「種有機其實不難，只要做好田間管理及生物防治，讓作物體質健康，產量可媲美慣行。最重要的是要有善心，以健康理念為出發，所以我們嚴格管制班員，一旦發現作弊，除了罰款，還會永久解除其有機班員的身分。」

所謂「生物防治」用的方法很多，最常見的是使用「誘蟲盒」，這是十多年前從農試所農改場所引進的方法。將一個半透明的特殊圓筒塑膠盒置於田間，因為裡面放有性費洛蒙，公飛蛾受其氣味的吸引，會自動飛到裡面，又因裡面的

特殊動線，配合飛蛾的生物性，使飛蛾只能進不能出，藉此減少飛蛾幼蟲對作物的傷害，具有很好的效果。

至於「田間管理」用的方法更多，包括：菜渣不要到處亂放，避免蟲類滋生；土壤不要施灑化學肥料，讓好壞菌共存；使用輪作以控制蟲類在田間繁衍，因為不同花科的作物有不同的蟲害；培養生物多樣性，利用一物剋一物的生物特性，產生食物鏈。另外，使用人工拔草、蓋塑膠布、覆蓋碳化稻穀等方法，都可以抑制雜草生長，便不再需要使用除草劑。

合作社理事長簡連獅先生說：「現在大溪有機產銷班所生產的作物大多銷售到桃園縣、新北市等地

01 誘蟲盒的內部放有性費洛蒙
02 覆蓋稻草防蟲害與水土流失
03 作物多樣性輪作以控制蟲類在田間繁衍
04 簡連獅的有機溫室

的學校供作有機營養午餐使用，
少部分做宅配及提供社區農夫市
集，已經可以做到產銷平衡；
未來希望可以用科技的方式，讓
部分作物在盛產時，做成健康食
品、香料等二級產業，一方面減
少盛產時的滯銷，一方面也可以
提供非產季的使用，提高農民收
益。」

生態有機耕作生力軍

　　在義和社區從事專職農夫
的高志誠，來自台北，曾是香港
上市公司的副總裁，從小對生物
有很大的興趣，在家中頂樓養蘭
兩千多棵，退休後開始做起生態
水耕研究。朋友介紹他到大溪義
和社區租地一甲九分，以實驗的
精神做有機種植，包括他有興趣
的生態水耕栽種，現在也在台大
園藝研究所念碩士，希望有朝一
日可以將他的研究成果推廣給有
相同興趣的人。

　　高先生的農地四周一開始
便設計了一道「護城河」，它同
時發揮了灌溉、排水、涵養水源
的功能；最特別的是，還可以藉
由生物多樣性來達到生物防治的
效果。護城河內有多種生物，一
年輪種的作物高達百種，例如：
玉米、蔥、高麗菜、小黃瓜、絲
瓜等等，有些土壤還蓋上稻草，
除了可以保護土壤、抑制雜草以

外，最重要的是，它還可以提高微生物的繁衍，使土壤變得更有益於種植。

他的溫室除了做一般的有機種植之外，也在溫室裡養魚，利用魚的代謝物、分泌物等，經過微生物分解，讓水中含有植物可吸收的養分，再將不可溶的固態殘留物過濾掉，用來種植水耕作物，例如空心菜、萵苣等；這些水耕作物因為也會長蟲，所以偶爾要將作物下沉到水裡，便可達到除蟲的效果，此為「主動驅蟲系統」的一種，高志誠對此信心滿滿。

高先生兩年前剛到社區種植有機作物時，有些居民抱以懷疑態度，因為他的栽種方式有悖於傳統的農耕方式，例如：別人喜歡除草除得乾乾淨淨，高先生則喜歡把草留著以培養生物多樣性；但現在已有社區居民幫忙他種植，並且將來可能效法他的作法，高志誠對此樂觀其成。

01 高志誠與他設計的生態水耕系統
02 高志誠的農田有護城河圍繞
03 作物多樣性也可減少蟲害

01 茭白筍田與遠山油桐花
02 山邊的老茄冬樹

　　由於義和里的土地已多年不用農藥，也孕育了豐富的自然生態，除了後山留下早年遍植的白色油桐花，一到四、五月便落英繽紛、浪漫絕美之外，這裡還有百多年的茄冬老樹，以及祖先灌溉用的埤塘，後者已經成為孕育各種魚類、龜類、蛇類、鳥類、昆蟲、植物等的生態池，夏天的晚上還有成群螢火蟲，與桐花季一起迎接遊客的到來。

|有|機|寶|貝|農|民|曆|

1月　2月　3月　4月　5月　6月　**7月**　8月　**9月**　10月　11月　12月　**全年**

義和村內經有機認證的有機稻田。

菱白筍：菱白筍田收成之餘也會讓遊客親身體驗農事採菱白筍。

居民自己栽種的無毒作物或蔬菜，除了自家食用，也會拿到假日農夫市集分享。

水果玉米的顆粒飽滿，外型像珍珠，是甜玉米的一種。

↑義和村的有機稻田

↑村內的作物菱白筍

↑義和村的假日農夫市集

↑葉菜類作物

↑水果玉米

↑開花中的蔥

🌾 **主要作物：**
　菱白筍（9月收）、葉菜類（季節蔬菜）。

🐚 **次要作物：**
　水果玉米（一年多收）、稻米（7月收）、瓜果（一年多收）。

🌾 **農特產品：**
　（未來）健康食品、香料等。

🐚 **特殊生態：**
　喜鵲、竹雞、紅冠水雞、老鷹、夜鷺、台灣藍鵲、螢火蟲等。

人文與生態導覽地圖

[01] 義和農村遊客中心

這裡是「大溪農村休閒發展協會」的遊客接待中心，所有的農事體驗活動都在這裡進行。這裡會見到許多稻草人，試圖營造早期台灣的農村景象。

[02] 簡氏三合院

義和里最大的古厝——簡氏三合院，建於清道光年間，至今已有150年歷史，是一棟多護龍的三合院傳統建築。古厝有形似廟宇的山門，屋簷呈燕尾翹起，帶有花鳥獸圖案剪黏，院內還有拴馬石，在在展現過去曾是官宦人家的大宅院。

古厝雖然曾經整修過多次，但目前仍有嚴重傾圮現象，屋主希望可以申請為桃園縣歷史建物，以公家力量來進行維修，為子孫留下歷史見證。

[03] 十一指古道

隱匿在桐花樹叢間的義和里後山，有條迷你古道，是過去埔尾與頭寮（今慈湖）之間的產業步道，連接台地的上下層，運送頭寮地區的樟腦、稻米、茶葉等貨物經埔里到大溪。因為最初修築步道的是一位擁有十一根手指的老爺爺，為了感念他的辛勞與貢獻，便以「十一指古道」名之。

桃園市大溪區義和里人文與生態導覽散步地圖

諮詢窗口
■ 大溪農村休閒發展協會
　簡榮瑞，0932-273190
■ 大溪有機合作社
　簡連獅，0937-539527

515巷

十一指古道
生態濕地
生態埤塘
茄苳樹
蓮花埤塘
簡家古厝三合院
簡姓農家
簡姓農家
國蘭園區
▶往大溪
4
583巷
651巷
671巷
705巷
737巷
827巷
871巷
普羅花卉農場
義和農村遊客中心
茶花園區
康莊路三段
4
4
往石門水庫 ▶

003

Hsinchu

新竹縣
尖石鄉
石磊部落

| 敲 | 門 | 磚 |

■ 雪山山脈是大漢溪的源
頭，也是泰雅族的聚居
地，隸屬新竹縣尖石鄉後
山的玉峰村石磊部落，在
多年前的一場嚴重風災之
後，在教會長老的帶領
下，期望以有機農業與生
態觀光作為發展主軸。

01 橫跨大漢溪的玉峰大橋
02 山谷裡的部落——石磊
03 谷立部落的秋意山色

｜社｜區｜風｜貌｜

山谷部落的新契機

位在大漢溪上游，雪山山脈深處，新竹縣尖石鄉通往桃園北橫公路的玉峰村，從玉峰大橋轉進，在海拔八百多公尺處，有一個施行有機農法的泰雅族部落——石磊，泰雅族語名為「Quri（谷立）」，意為「山凹下去的地方」，亦即「鞍部」、「山谷」，這些地名正說明了石磊部落的地形。

石磊部落的有機農業發展，得從2004年的「艾利風災」談起。

這個八月的中度颱風輕輕略過北台灣，卻為北部山區帶來大量降雨，也帶來巨大傷害，發生嚴重土石流，讓原本就崎嶇難行的新竹山區道路更柔腸寸斷。風災過後，石磊部落族人痛定思痛，力圖振興部落產業，當時的基督教長老——徐大衛，正任職「谷立部落文化觀光生態產業發展協會」理事長，已經從事自然農法十多年的他，決定帶領部落一起朝向有機生態村發展。

徐大衛長老從退伍後就回家

01 徐大衛與他的有機農園
02 有機高麗菜田
03 徐大衛的有機青花椰

鄉耕作，如同大多數農人一樣，先是採用慣行農法，三年後，有位台北友人來訪，跟他談起改用有機農法的重要性，因為石磊部落位在大漢溪上游，也就是淡水河上游，農藥與化肥滲入土壤後，就會順著地下水汙染水源，而許多族人，包括自己的小孩，都會到台北就業或謀生，如此一來便害到了自己人。

徐長老聽完此番道理，便決定停用農藥與化肥來耕作，但一開始因不諳有機農法，也沒經過驗證，產量與銷路均不佳，幸好當時務農只是他在土木工程以外的兼職工作，所以他並不以為意，直到艾利颱風之後，為了族人的發展，他才前往國外取經，現在已成為台灣世界展望會的種子教師，到許多部落去教導

有機農法,例如附近的抬耀部落也在徐長老的指導下,有機農業發展豐碩。

有機用對方法就不難

現在的徐大衛對有機農法充滿信心,他說:「一點都不難。」問起許多有機農人最困擾的「除草」,徐長老也說:「用割草機除草,而且只在作物幼苗時除草,所以也不花太多人工。」至於除蟲他則利用無患子、莿蔥、蓼蕎、香茅、薄荷等味道較重的植物,放在甕裡發酵三個月,使用時加水稀釋1000倍,噴灑於葉面,只要不遇到下雨天,噴一次可以持續一週,讓蟲的嗅覺被干擾,就不會去吃作物,這方法用在較冷的山區很有效,夏天噴一點做預防,冬天則沒什麼蟲害。

徐大衛長老同時也分享了許多有機果農最頭痛的果蠅防治方法,他說:「將蛋殼壓碎炒熟,加入糙

01 谷立農場的推肥
02 快要收成的有機高麗菜
03 哈勇古賴長老拾起椰子殼做成的堆肥

米醋，利用酸性萃取鈣質的原理，做成液體狀之後，既可當液肥直接噴灑於葉面來補充植物鈣質，又可用容器裝起來之後打洞，吊掛在果樹周圍誘捕果蠅，因為醋香會吸引果蠅而使牠淹死，這是我實驗多種材料之後所得到的最有效配方。蛋殼也可以用較硬的動物骨頭取代，例如：牛骨、羊骨等，骨頭要炒成白色以去油脂，再切碎並用醋去萃取，效果一樣好。」

徐長老又說：「一開始我們的定位就是有機農業結合生態觀光，來帶動石磊部落的產業，促使年輕人回鄉就業。」石磊部落有了這樣的共識之後，許多族人紛紛捐出廢耕多年的土地，成立「谷立有機農場」，以共耕共營的方式，提供族人利用閒暇時間來耕作；後來因為族人的有機技術漸漸成熟，便紛紛將農田取回自行耕作，但仍繼續使用有機農法。雖然現在的谷立農場已成為徐大衛的個人農場，但仍幫忙部落做行銷，有了盈餘也會回饋部落，例如每週煮一餐來提供單親家庭與老人用膳等。

01 羅錦山的有機菜園
02 羅錦山種植的有機荷葉白菜
03 羅錦山與他的有機菜園

青壯年受回鄉的召喚

　　1972年生的羅錦山，便是在徐大衛帶領部落發展有機農業之後回鄉的青壯年之一。原本在新竹科學園區當技術員的他，2007年回到部落，隔年開始在自己的農場從事有機耕作，一甲地種已通過驗證的有機蔬菜，三分地種無驗證但做有機管理的果樹。他認為有機耕作是未來趨勢，也是在山上可以永久性發揮的產業，又可以照顧到已經年邁的雙親，閒暇之餘還能到城市兼差做其他工作，所以從事有機耕作對他來說是一舉數得。

01 剛栽種的有機蔬菜田
02 休耕的有機田

羅錦山分享了他種有機作物的心得，他說：「剛開始我採用自然農法來栽種，沒什麼施肥，以為土壤本身就有足夠養分供作物生長，後來發現還是要適當補充營養才能讓作物長得好，因為土地的養分也是會用完的。」相對於徐長老喜歡自己堆肥做植物養分的方式，羅錦山則較少自己做堆肥，因為他說：「大量堆肥需要場地和推土機、遮雨棚等設施，我沒有做這樣的投資，所以目前還是買現成有機肥來用；如果蔬菜遇到蟲害，就用蘇力菌來對抗。」

從有機耕作到生態導覽

石磊部落自從使用有機農法耕作之後，許多失去的生態漸漸回來了，螢火蟲從四月到十月都輕易可見，蛙鳴聲更是充滿整個晚上，加上部落周遭布滿溪流、山豁，使石磊部落成為一個生態資源豐富的地區。徐長老說：「透過有機耕作，讓大家了解到生態保護的重要；也透過有機耕作，讓我們學習觀察大自然，例如：雨水、氣溫對農作物的影響；以及有機資材的適量使用，都讓生態環境更加健康。」

石磊部落也用心規劃生態導覽行程，讓族人可以藉由帶領遊客導覽與體驗而賺取外快，希望藉此讓更多人願意留在家鄉發展。徐大衛的父親——哈勇古賴，除了在農場種植蔬菜、水蜜桃、椴木香菇之外，也常幫忙接待遊客進行部落生態導覽，並將原本的泰雅族穀倉改裝成民宿，成為石磊部落少數供遊客下榻的地方之一。1944年生的哈勇古賴長老說：「山上的梯田是日治時代開闢的，當時還有開鑿渠道從馬里光瀑布引水至梯田灌溉水稻，現在因為有水管，渠道已經年久失修而損壞，稻米也從民國七十幾年之後改種蔬菜、水果，這樣比較符合經濟效益。」

執行有機農業很有經驗的哈勇古賴長老又說：「我們的有機田種兩年就休一年，讓土地修養生息，休耕的土地讓雜草長高之後就砍一砍再燒一燒，一方面較容易腐爛變成有機質，一方面也可以減少蟲害。而且我們都是自己堆肥，只要充分發酵就不會發臭；而液肥原料則依各種作物需求而調配，就像人吃藥要依症狀給藥方一樣，所以病蟲害都可以克服，只是人力付出較多。種有機農業最怕的是遇到連日豪雨或颱風，因為都是露天栽種，作物會因雨而腐爛、死亡，損失很大。」

跟著耆老認識泰雅故事

哈勇古賴長老帶領遊客參觀瀑布、古道、吊橋，路線包括禱告山、同心橋、抗日古戰場、馬里光瀑布、平淪文步道等等，沿途解說泰雅族文化與歷史。他提到過去抵抗日本人時，因為宇老以西的前山已經被日本人收服，以東的後山泰雅族仍奮力抵抗，所以日本人在馬

美部落附近的鞍部設立了一個關口與碉堡，就是現在一般稱的「李崠山古堡」，並在山區陵線沿路設置高壓線，使後山泰雅族人為了越線而多人死亡，再度引發抗戰，雙方死傷慘重。「李崠山」以泰雅族語稱為「Tapung」，是指雲霧繚繞的山頂，至於「宇老」一地，泰雅族語為「Uraw（霧繞）」，意為「很多泥土」。

　　石磊部落的生態導覽路線與解說內容，透過部落族人的共同討論，以及耆老的知識傳授，結合部落文化、有機體驗等行程，使這裡的生態導覽行程充實，而這個未經雕琢的山谷部落，正等著更多遊客前來發掘她的美麗與奧妙。

01 哈勇古賴長老與栽培的椴木香菇
02 哈勇古賴長老是部落最佳導覽員
03 石磊溪遠望
04 跟著哈勇古賴長老傾聽部落生態

有｜機｜寶｜貝｜農｜民｜曆

1月　2月　3月　4月　**5月**　**6月**　**7月**　**8月**　**9月**　**10月**　**11月**　12月　**全年**

五月桃如其名，乃五月採收的水蜜桃，但果實比水蜜桃小，卻因此別具風味。

水蜜桃是山區部落經濟價值較高的水果。

9～11月：柿樹的品種非常多，台灣常見甜柿與澀柿，甜柿放軟後可直接食用，而澀柿則可風晒乾燥後成柿餅。

石磊部落的有機經濟作物以各類蔬菜為主，因位在高山濃霧之間，口感不同於平地蔬菜。

↑五月桃花正開

↑高麗菜

↑花椰菜

部落的作物雖以四季蔬菜為主，但次要作物椴木香菇也是重要經濟來源。

↑結頭菜

↑椴木香菇

◈ 主要作物：
　高麗菜、青花椰、白花椰、結頭菜、包心白菜、荷葉白菜、包心芥菜等蔬菜。

◈ 次要作物：
　五月桃（5月收）、水蜜桃（6～7月收）、甜柿（9～11月收）、黑豆（10月收）、小米（9月收）、椴木香菇（四季）。

◈ 農特產品：
　無。

◈ 特殊生態：
　山羌、山羊、山豬、螢火蟲、青蛙、貓頭鷹、飛鼠。

↑包心白菜

人文與生態導覽地圖

[01] 平淪文步道與吊橋

此步道從石磊教會旁邊下去，經過吊橋，再走到平淪文部落，單趟約一小時。吊橋橫跨石磊溪，是大漢溪的支流之一，溪水經過多年保育，現在有很多苦花魚，沿途生態豐富。在石磊道路、玉峰道路還沒開通前，石磊部落與平淪文部落之間的往來都依賴這條步道，甚至往上、下抬耀部落也須經過此路。

[02] [03] 馬里光步道與瀑布

馬里光是此處泰雅族人的水源地，這裡有多座瀑布飛瀉而下，十分壯麗，瀑布之水流向馬里光溪，也稱石磊溪。林務局在此修闢一條「馬里光國家自然步道」現在由「谷立部落文化觀光生態產業發展協會」認養維護，沿途生態豐富。

步道入口不遠處有一塊木牌，標示著「歡迎光臨馬里光瀑布」，背後寫著「La Ka Si Mu」，泰雅族語為「你好嗎」。從步道入口抵達瀑布約15分鐘，此瀑布長約80公尺，雨季時寬約30公尺，附近的抬耀部落稱它為「抬耀瀑布」。

[04] 宇老觀景台

海拔1450公尺的「宇老」，泰雅族語為「Uraw（霧繞）」，意為「很多泥土」，延伸為「土壤肥沃之地」，是尖石鄉「前山」與「後山」的分界點。此處有一座觀景台，向東望，是玉峰村、秀巒村等後山，向西望，是錦屏村、新樂村、梅花村等前山；從宇老派出所西側望去，更可遠眺群山眾谷之後的新竹平原，甚至台灣海峽。

從宇老往北的道路可達馬美部落，這裡有「李棟山」的步道入口，往上攀登約40分鐘，可抵達日治時期的「李棟隘勇監督所」，如今這座古碉堡已經登錄為縣定古蹟，稱為「尖石TAPUNG古堡」。

宇老派出所現在規劃為「鐵馬驛站」，提供茶水、公廁、打氣等服務，附近也有出許多小餐廳，假日更有農夫市集，是此山區最熱鬧之處。

新竹縣尖石鄉石磊部落人文與生態導覽散步地圖

諮詢窗口　■ 谷立部落文化觀光生態產業發展協會　徐大衛，0918-090973

往桃園　同心橋步道
玉峰道路　石磊國小　石磊教會　平淪文吊橋　平淪文部落
往新竹、宇老(宇老觀景台)　大漢溪　石磊部落　馬里光步道與瀑布　抬耀部落
石磊道路
石磊禱告山　石磊溪　上抬耀道路

004

宜蘭縣
冬山鄉
中山村

│敲│門│磚│

■ 發展休閒農業十多年的宜
蘭中山村，不僅成為全國
休閒農業示範區，近年更
進一步推動有機農業，以
同中求異、互助共榮為原
則，多位中生代業者一起
打造成為一座優良的國際
有機休閒養生村。

01 中山村是位在山邊的世外桃源
02 種在隘勇寮旁的茶園
03 中山村的新寮溪步道

![社區風貌]

從腦寮到有機村

擁有號稱全台灣最美麗（最厚功）火車站——宜蘭「冬山火車站」的冬山鄉，最早因為清朝漢人移民落腳在今天的冬山村一帶，便將南邊一座貌似冬瓜的山丘取名為「冬瓜山」。當年許多漢人來到現今的冬山鄉中山村山上採伐樟樹、蓋樟腦寮、煉取樟油，並逐漸發展成聚落。

中山村的山區，西有「舊寮」、東有「新寮」，也是因為採伐樟樹之故。兩條名為「舊寮溪」與「新寮溪」的溪床，平日只見亂石與雜草，只有在下暴雨時，才會出現兩條排洪的溪水，那是因為來自山上的水依著地形與地質走入地下，成為「伏流」，到了八寶村、丸山村才又形成湧泉，最後匯入冬山河。

沿著舊寮溪與新寮溪而上，各有一座小型瀑布，分別名為「舊寮瀑布」與「新寮瀑布」，前者也叫做「中山瀑布」；加上「仁山植物園」也在新寮溪畔山區，中山村擁

有宜蘭縣豐富的自然資源。登上兩條溪中間的山丘，眼前是以羅東鎮為中心的蘭陽平原，其富庶與繁華盡收眼底，海上不遠處的龜山島也舉目可見。

中山村鼎盛時期曾有2000多村民，小學內一個年級有一班，每班有50多位學生，後來因為農村的人口逐漸外流到城市工作，使得中山村僅剩600人，小學也幾乎要面臨被廢校的命運。所幸近年，村子裡的青壯年人逐漸回鄉，重新尋找農村新契機，偏鄉小學才得以繼續以小

而美的型態發展下去。

日治時期的中山村，產業除煉樟之外，農作以樹薯、甘蔗為大宗。民國40、50年代（1950～1960年），村裡大多種植水稻，從新寮瀑布引灌溉水。民國50年（1961），一次山洪爆發造成嚴重土石流，許多水圳就此被土泥沖毀，中山村的農民漸漸轉作其他作物；加上當時台北坪林的茶葉價格極佳，有農民引進茶樹，大家紛紛效尤；另有一部分農田，因為耕作人力不足，也轉作文旦柚這種比較

01 令人歎為觀止的劉家茶葉獎牌獎狀
02 中山村內到處可見的彩繪水牛
03 茶葉經常奪冠的劉同文
04 劉向群的茶園是中山村第一座有機茶園

04

不需人工照料的作物。直到現在，中山村的200多公頃農地，仍以茶樹與柚樹爲大宗，也漸漸種出了名聲，甚至發展出自有品牌。

三代人的故事

　　1937年出生的劉同文，從小就務農，身體依然十分硬朗也非常健談的他，一說起中山村的歷史以及他個人的職業生涯，就一個故事接著一個故事，滔滔不絕。他說：「以前家裡也是種植水稻，那時有兩、三甲農田，但是稻米價格越來越差，於是村裡開始有人引進茶葉來種植，我也在民國66年（1977）開始改種茶，那時候，一斤茶葉可以買到200斤米，你就知道兩者價差

有多大！」

　　1978年，劉同文配合農會政策，擔任茶葉產銷班班長，輔導村內農民改種茶。他從1980年開始，不斷參加各種茶葉競賽，從冬山鄉亞軍，到宜蘭縣冠軍，甚至全國冠軍，無不讓劉同文津津樂道。算一算，家裡成員一共拿到700多個獎，大大小小的獎牌、獎狀成爲他家的壁飾，抬頭一看，連天花板都是鑲框的獎狀，眞是令人歎爲觀止！

　　問劉老先生有什麼種茶與製茶秘訣，他說：「我從19歲開始就幫村裡的茶廠捻茶，那時候就已經跟茶葉建立了默契。之後自己種茶、製茶，對於茶葉最適當的摘採

01 劉向群正在解說茶葉的生長過程
02 劉向群的有機茶園

時間、烘焙火侯、炒茶手勢與力道、時間的拿捏,甚至手溫等等,我都用經驗去累積、用心去感受,所以連連做出冠軍茶。」民國73年(1984),國民黨元老蔣彥士喝過他的冠軍茶之後,命名為「素馨茶」,從此成了宜蘭茶的代稱;直至今日,中山村的茶葉依然是宜蘭最知名、最主要的產地。

至於中山村內到處可見的彩繪牛,製茶高手劉同文老先生則說:「民國93年(2004)為配合政府發展觀光,我們便以水牛作為意象來形塑村子,這也是我想出的點子,因為我曾經買了幾頭水牛去吃溪床的草,免得野草阻礙了排洪。」這個「放牛吃草」的好點子,在2003年還獲得「全國休閒農漁園區創意大賽」的冠軍。

掀起家庭革命的有機農業

劉家茶園現今傳至第二代,四兄弟中,有三位傳承父親的衣缽,各擁有兩甲多茶園,其中二兒子——劉向群,更在2005年開始轉型為有機茶園,成為中山村第一位有機茶農。說起這段過程,劉向群露出些許無奈地說:「一開始我只是幫家裡的茶園到城裡做茶葉推銷,2000年才回鄉開始種茶、製茶;隔年因為村裡正推動休閒農業區,於是我自學自創以綠茶粉做成龍鬚糖的遊客DIY體驗行程。」之後,劉向群因為環保理念,加上看到未來市場趨勢,以及他母親因長期接觸農藥而得皮膚癌種種因素,他決心轉做有機茶。

起初，劉向群以一塊位居偏僻的兩分地做試驗，但因為擔心種有機茶可能養不起家的劉同文，為了那塊兩分地幾乎要跟二兒子翻臉，一場家庭革命與內心理念不斷在劉向群心中拉扯著。2009年，劉家兄弟分家時，劉向群更打算將自己分得的兩甲多茶園全部轉作有機，此時的劉爸爸見他心意如此堅決，便將山上一塊較偏遠的土地分配給他，讓他去實現自己的夢想。終於，因為劉向群的堅持與用心，不僅有機茶受到遊客肯定，也因為他與遊客之間的互動，經常推廣環保理念，加上不斷研發新產品的創意，讓他的有機茶漸漸闖出一片天，也讓劉爸爸不再為他擔心，甚至為榮。

除了素馨茶還有中山柚

中山村除了「素馨茶」知名以外，還有「中山柚」也在村民的努力下，近年漸漸闖出名聲；正在推廣有機柚的「中山社區發展協會」理事長——林長輝，便是一位專業柚農。1965年生的林長輝，從20多歲就跟著父親在村裡務農，那時他們家是一個很大的養雞戶，擁有十幾座雞舍，共養了兩、三萬隻雞。後來因為禁不起盤商的價格剝削，20多年前，便決定將一部分雞舍改做餐廳，只留三間養了4000多隻土雞，供應自家餐廳。

因為林長輝的土雞不吃飼料，只吃麥片、玉米和剩菜、剩飯，也不施打抗生素，因此品質又好又健康，別人的飼料雞養約40天就要送

01 有機柚要等摘採時才可取下蚊帳以免果蠅叮咬
02 發明蚊帳柚栽種法的林長輝

入屠宰場，他們家的土雞則要養上半年才能送進餐廳，也比別人要花上許多成本。幾年之後，因為雞舍改造的餐廳已不敷客人使用，林長輝便新蓋了一間大餐廳兼民宿，承接社區的遊覽車生意。

除了養雞、開餐廳之外，林家也種了四、五分地的柚子。近年因為宜蘭「仰山文教基金會」對村民推廣有機概念，又為了配合水保局的「農村再生計畫」，中山村決議要朝有機村的理想邁進，身為社區理事長的林長輝便以身作則，從2012年開始將自己的柚園改做有機，但因為經驗不足，沒噴灑農藥的柚子遭到大量果蠅侵襲，一旦被果蠅叮咬、下卵的柚子，就會慢慢腐爛，讓農民損失慘重。

發明蚊帳防治法

林長輝經過慘痛教訓之後，便開始思索如何克服果蠅問題，別人採用套袋的方式種水果，卻因陽光不足而失去甜度，又不能使用化學施藥來彌補，於是他想出蓋蚊帳的方式來防果蠅，從此便發明出全國首創，也可能是全世界首創的「蚊帳柚子」！林長輝說：「柚子花謝後，結果大約一個月就要套上蚊帳，整棵柚樹罩起來，一直到果子成熟，準備摘採時才可以取下蚊帳，若取下當天沒有立即摘採，隔天馬上便會被果蠅侵襲。」

01

01 林長輝拆帳採柚
02 中山村努力打造國際有機休閒養生村，村民在農
　忙之餘仍積極進修
03 中山休閒農業區的入口以水牛作為指引
04 中山休閒農業區內的遊客中心

蚊帳柚子除了可以防果蠅之外，還有其他好處。林長輝說：「因為這些蚊帳有防紫外線的功能，所以還可以用來防止柚子因晒傷而變褐色；第三個好處就是抗風防颱。」正因為林長輝的蚊帳柚子已見成效，村內許多柚農也前來學習，從原本四、五戶願意栽種有機柚，一下子變成十多戶願意跟進，讓推廣有機栽種的林長輝信心大增，他希望將來有一天可以舉辦有機柚子的比賽，讓中山有機柚打出響亮的名聲。

有機栽種看似前途大好，林長輝卻也道出另一個「靠天吃飯」的難處。他說：「今年柚子花開時，正好因為中國的沙塵暴影響，台灣下起了酸雨，讓三月開花的柚樹無法結果，損失了三、四成；如果再加上果蠅侵襲，今年收成可能會只剩兩成。」另外一位也種有機柚的林文龍，今年便遇到了這樣的慘狀。

從有機再進到低碳社區

林文龍同時也是「中山休閒農業區發展協會」的理事長，此單

01 林文龍在自家研發的產品前做解說
02 有柚子樹相伴的露營區

位與「中山社區發展協會」的差別在於，一個對內服務農民，一個對外服務遊客，所以休閒協會在村內也設立了遊客中心，提供各項旅遊服務。林文龍說：「中山村從2001年開始推動休閒農業區，直銷農產品，因為遊客陸續聞名而來，村內也開始發展民宿、餐廳等休閒產業，許多原本在外的年輕遊子，因為看到了商機而紛紛返鄉發展，但已經賣掉土地的，因為地價從最初的幾百塊到現在的幾萬塊，根本已經回不來了。」

林家好幾甲土地從阿公時代就留下，爸爸也是務農，原本種植水稻，1960年的土石流之後，改種花生、鳳梨、柚子等等。年輕時的林文龍跟大多數村內的年輕人一樣，也到城市去打拼，直到三十多歲因為父親年事已大，才跟太太把原本從事的成衣設計工作室移回家鄉。後來因為台灣的成衣工廠外移，林文龍的工作量也越來越少，便決定在自家田地上好好經營事業，開設餐廳、民宿、露營區等休閒設施，成為中山休閒農業區的一員。

當村子還沒推動有機農業時，林文龍就已經開始嘗試無毒的自然農法。他說：「因為許多遊客來到他們的農莊，看到他們對農作物施灑農藥，做出很不好的反應，讓他開始思索不施藥的有機農業；另一方面也可讓農民不再受農藥的毒害，對我們所世居的環境與生態也

比較友善，這才是一條永續發展的路。」

也因為林文龍的理念與實踐，他於2009年成為「中山休閒農業區發展協會」理事長，之後的中山村便開始推動低碳生活的有機農業村，透過農改場等單位的授課，讓願意從事有機栽種的農民漸漸轉型，目前全村已有18家獲得有機驗證。林理事長說：「未來還希望可以藉由村裡的瀑布發展出小型水力發電，並使用電動腳踏車與農用車，採綠建築的有機農產品加工廠，並設置一個大型堆肥場，也希望培訓外語人才，讓中山村朝向『國際有機休閒養生村』發展。」

與仁山植物園一起呼吸

位在仁山植物園旁的一座休閒農場，二十年來不灑農藥，十甲地已成為一處自然生態區，與仁山植物園融為一體。農場主人之一的徐文傳說：「機緣之下，我們兄弟與父親在1988年買下這十幾甲地，當時仁山植物園都還沒成立，只是一個小苗圃。」

徐家這片鄰山的土地約有五甲柚子園，過去以慣行農法栽種，噴了幾年農藥之後，徐家兄弟覺得農藥太傷身，對周遭自然環境的傷害也很大，便開始改成不施農藥的自然農法。但是當時大家對「有機」沒什麼概念，只見柚子種得黑黑醜醜的，賣相很差，讓盤商的收購意願不高；加上種柚子的人越來越多，他們的柚子也越來越難賣，價格很差，於是徐家農場在政府的輔導下，決定轉型做休閒農業。

原本就從事園藝設計的徐家兄弟，將柚子園的一半以生態工法做了一個大花園，並將山泉水引入魚池，還蓋餐廳、民宿等設施；他們也保留了兩甲柚子園，一部分用來採收柚子花以做成花茶，一部分在柚子收成時開放給遊客自行採收，所得到的柚子收入從「八八風災」那一年之後就全數捐給慈善機構。

徐家兄長——徐文良說：「每當柚子採收時節，山上的野生動物，例如：獼猴、山羌等，常會跑來吃掉我們家的柚子，以前我們覺得很困擾，常驅趕牠們，後來我們決定與這些動物共存，種了一些農作物給牠們吃，一旦牠們吃飽就不會再來傷害其他作物。而且現在轉型為休閒農場，這些野生動物也成了我們的好鄰居，如果遊客住宿此地，我們就會安排老師進行做生態導覽。」

人鳥之間的傳奇故事

生態豐富的徐家農場，還可見到四處自由飛翔的鸚鵡，這些都是徐家次子——徐文傳的好朋友。對鳥類有很大熱情的徐文傳說：「八年前我花了五萬元買下第一隻鸚

鵡，並開始研究鸚鵡的生物性，學習如何與牠相處。我發現鸚鵡是一種很聰明、很人性，也很長壽的鳥類，我所養的品種竟可以活到一百多歲！我因為不忍看著這隻一歲多的鸚鵡整天被腳鏈鏈住，便決定試著跟牠『溝通』，希望將牠放飛之後，也不要忘記回家的路。」於是他把鸚鵡腳上的鏈子給解開，結果才養32天的鸚鵡就飛走了。

徐文傳依然不死心，又花了五萬元買了第二隻鸚鵡，沒想到第一隻鸚鵡竟在迷失之後的第三天自己飛回來，徐文傳才發現，原來鸚

01 徐家生態農場裡的庭園造景
02 徐家生態農場
03 跟鸚鵡互動良好的徐文傳
04 近處是中山村、遠處是羅東鎮、海上有龜山島

04

鵡飛不回來不是牠不想回來，而是
不習慣飛翔的籠鳥一旦放養，牠只
會往上飛，卻不知如何降落在正確
位置，必須經過反覆練習，牠才能
掌控氣流、抓準方位。了解這些生
物性之後，徐文傳養的鸚鵡不需
要一直關在籠子裡或戴著腳鏈過日
子，七十多隻鸚鵡白天輪流放飛，
晚上則一起住在一間很大的「鳥別
墅」，所以在徐家花園中用餐，一
堆大大小小的鸚鵡就在樹林間飛來
飛去，深受遊客喜愛，有些小鸚鵡
還會停留在遊客肩膀上，但對於大
型鸚鵡，徐文傳也提醒不要去碰，
免得手指被鳥喙啄斷。

　　正因為徐家兄弟有這樣的經驗
與熱情，當2001年社區要推動休閒
農業時，徐文良便成為第一任理事
長，他以經驗與遠見帶領中山村農
民，讓每家都各具特色，在互助而
不競爭的良性互動下，中山休閒農
業區在2005年成為第一個「全國休
閒農業示範區」。徐文良在勞心勞
力八年後卸任，交接給下一任理事
長—— 林文龍，繼續帶領中山村邁
向另一個新的里程碑。

有|機|寶|貝|農|民|曆

| 1月 | 2月 | 3月 | 4月 | **5月** | **6月** | **7月** | **8月** | **9月** | **10月** | 11月 | 12月 | **全年** |

5～10月：採茶
體驗活動，可讓
遊客了解茶樹從
生長到加工生產
的過程。

柚子：柚子開花時，採收
的柚子花還可做成花茶。

命名為素馨茶的
中山村茶葉。

↑柚花茶

↑有機柚子

↑茶樹

↑遊客正在體驗親手炒茶

↑柚子樹下的土雞，也以有
機自然方式放養

↑以茶葉做成的龍鬚糖DIY體
驗是中山村的遊客行程之一

◎ 主要作物：
　　茶葉（四季）、柚子（8
　　月收）。
◎ 次要作物：
　　咖啡。
◎ 農特產品：
　　柚花茶、柚香精油、柚
　　香紅茶、土雞等。
◎ 特殊生態：
　　台灣獼猴、山羌、白鼻
　　心、飛鼠、八色鳥、貓
　　頭鷹、夜鷺、螢火蟲、
　　蛙類、蝴蝶等。

↑遊客體驗是中山村的重點旅遊行程

人文與生態導覽地圖

[01] 冬山火車站

完工於2008年4月1日的冬山火車站,是台鐵斥資28億所打造的觀光景點,最壯觀處是月台頂棚,採拱形交叉鋼作為連續圓弧型設計,是全台首座「瓜棚式」月台。

[02] 永光宮

中山村早年漢人先民帶來了唐山原鄉的信仰神明——三山國王,在此興建了「永光宮」,是本村最大的廟宇,村中大小事無不跟三山國王報備、請示。最早的「永光宮」位在今天的「順安國小中山分校」校址,後來因為大雨淹水,才搬到現在的位置。

[03] 隘勇寮文化站

早期漢人到此開疆闢土,與山上的原住民有些衝突,便在舊寮山腳設了一個「隘勇寮」守崗防禦。雖然現在崗哨已撤多時,村民在此設立了一個文化站,銘記這段過去歷史。

[04] 仁山植物園

位在海拔50至500公尺的仁山植物園,面積約102公頃,因早期是一座造林的苗圃,所以又稱「仁山苗圃」,現已轉型為具有休閒與教育功能的植物園。園區內有近400種植物,還有11種哺乳類動物、10種保育級鳥類與兩棲爬行類,以及多種蝶類、螢火蟲、獨角仙等。

[05] 舊寮瀑布、新寮瀑布

沿著舊寮溪與新寮溪而上,各有一座小型瀑布,分別名為「舊寮瀑布」與「新寮瀑布」,前者也叫做「中山瀑布」,他們都是冬山河的源頭。其中新寮瀑布步道全長約900公尺,一小時內可以輕鬆來回,十分受到遊客歡迎。

宜蘭縣冬山鄉中山村人文與生態導覽散步地圖

諮詢窗口

■ 中山休閒農業區遊客中心
中山村新寮路103號
03-9587010

■ 中山休閒農業區發展協會
林文龍,0932-090498

仁山自然步道
苗圃入口
仁山植物園區
新寮亭
仁山步道
仁山苗圃
觀景台
十三分步道
仁山亭
中山休閒農業區
旅遊服務中心
新寶橋
往冬山 ▶
八寶村
中山休閒農業入口區
丸山遺址
往新寮瀑布
中山公園
中城橋
永光宮
舊寮溪
南海宮
中山亭
休閒步道
三清宮

往蘭陽大橋 ▶

005

Yilan

宜蘭縣
三星鄉
行健村

|敲|門|磚|

■ 位在蘭陽沖積扇平原扇柄
上的三星鄉行健村，在老
村長的帶領下，以「合作
社」作為經營方式，使老
農、新農一起加入有機耕
作行列，在短短時間之
內，已成為宜蘭縣的有機
示範村。

01 美麗的安農溪畔
02 行健溪與安農溪的匯流處

|社|區|風|貌|

蘭陽平原的沃土

　　蘭陽溪從中央山脈奔馳而下，往東竄流，沖刷出蘭陽平原富庶的土地，宜蘭縣三星鄉正位在這塊沖積扇平原的扇柄位置，是蘭陽平原最接近山陵之處，也是早年最容易被大水氾濫成災之地。正因為地理位置的劣勢，也成為晚期移民的落腳處，經年飽受水災之苦。

　　日治時期，由於「理番」政策的成功，使太平山的林木資源獲得大量開採，自此三星鄉的人口大量移入，一條「五分仔車」軌道也橫貫三星鄉通向羅東，更促進了三星鄉的蓬勃發展。另一方面，日人在三星鄉興建天送埤發電廠（蘭陽發電廠），攔截埤水以排入安農溪，不僅使宜蘭自此有了「來電」的生活，安農溪也有「電火溪」之稱，造就了三星鄉等地的農業。

　　1978年起，政府對安農溪等溪流進行整治工程，使農民不再飽受溪水氾濫之苦，而且這些「濁水溪」也帶來豐富的有機質，讓三星鄉種出來的作物特別健康美味。

　　兩條蘭陽溪支流——行健溪與安農溪，以及萬富圳所夾峙的一塊東西橫向區域就是行健村，由西而東有三個老地名：廣州仔、十九結城、石頭城。2010年，行健村村長——張美女士帶動村中有志一同的農戶從事有機耕作，跳脫慣行農法對土地與環境

的危害，使行健村朝向有機農業發展。

推展有機稻作的曙光

1949年生的張美，在行健村當了20年的村長，很受村民愛戴。村裡有位年輕農夫沈高男先生因為種了有機米，一斤可以賣到80元，是慣行米的三倍價錢，她吃過一次之後，不僅覺得好吃，也開始思索「何不用頭腦來賺錢」，一方面可以讓農民有較好的收入，一方面又可以因為不噴灑農藥而獲得健康，於是開始說服村裡的農民加入有機耕作。

剛開始，因為老農都已經習慣「慣行農法」，對於不施灑農藥、不放化肥的有機耕作抱存懷疑的態度，加上村長本人也沒有務農經驗，參與的農戶只有11戶、9公頃農田，而且大多是經過子女的說服，半推半就為了「支持村長」而加入。此時正好花蓮農改場與宜蘭農會合作要推廣有機農業，聽聞行健村村長早有意從事，便主動來幫

01 宜蘭三星行健村現已是知名的有機村
02 行健有機村的推手——張美
03 有機米可做成糙米也可做成白米

忙輔導，兩者一拍即合，那年是2009年。

　　隔年春天，行健村開始種植有機稻，第一年的收成因為稻熱病的關係，收成並不好，大家也開始思索這些有機稻米該如何銷售的問題，於是在8月又成立了「行健有機農產生產合作社」，將這些有機稻穀透過集體運作的方式，取代傳統農會的工作，進行磨米、包裝、銷售等程序，並找鄉長幫忙行銷，也和「直接跟農夫買」網站合作，一下子就把行健村的有機米賣光了。

　　第二年（2011年），合作社又向政府申請「多元就業方案」，當時的專案經理開始幫忙做網路行銷，隔年並發展出自有品牌「行健米」，於是在老村長——張美（2010年卸任村長）的帶領下，行健村成為一座有組織且發展良好的有機村，有機面積達全村四分之一，其中合作社的部份，到了2014年已有35公頃的有機田，是全村的五分之一，約有28公頃的稻米，其它是蔥、茭白筍、瓜果等蔬菜類，稻米品種主要為「高雄145號」與「秈稻22號」。

有機栽種第一位

　　村裡第一位從事有機栽種的沈高男先生原是一位警員，生於

01 行健有機村的稻田
02 沈高男的有機蔥屬於小憨品種
03 沈高男為了種有機作物曾欠下上千萬債務而
　　被稱為「悲傷農夫」

01 沈家古厝以三種材質建成
02 春義伯的茭白筍田
03 春義伯的農田已經二十多年不灑農藥

1968年，他在1998年回鄉繼承爺爺的農地，也辭掉當了十多年的警務工作，專心當農夫。剛回來時，沒有務農經驗的他，聽從農藥行的指導跟著做慣行，三年之後，他覺得農藥對身體的危害很大，於是開始學習自然農法，一方面也省了施灑農藥的麻煩。經過三年收成不佳的調整期之後，土壤自然恢復地力，稻米產量逐年增加，也在2008年獲得有機認證，後來因為村長推動社區的有機耕作，他便將一部分稻米加入合作社的行銷。

沈高男同時也栽種有名的三星蔥（四季蔥），他選用的是小憨品種，味美香甜，卻也最難栽種，所以他花了七年時間才將有機蔥種植成功。種蔥最難的是蔥蟲的防治，因為蔥蟲包裹在蔥管裡頭，抓也抓不完，後來他乾脆讓蟲吃，越是不管蟲，蟲就越來越少，而且水旱輪作的關係，也減少蟲害。到現在，他已經有七、八成的有機蔥收成，價格比一般慣行蔥要好，大多賣給餐廳使用，有時也會銷售到日本，成為全國唯一量產的有機蔥。

沈高男住的沈家古厝，是一間以土角磚、紅磚、石頭三種材質所堆砌的百年古厝，1943年（昭和18年）的一場大水，將其中一間土角厝沖毀，後來才用石頭修補，成了現在三合一的樣貌。「石頭厝」是早期三星居民利用當地河床的石頭所興建而成，在行健村目前只剩五間。沈高男還提到，位於多山鄉大進村的一間大廟——草湖玉尊官，裡頭所供奉的「天公」原是他家的主神，後來因為日本人不准他們拜天公，曾藏到地下偷拜，村裡有八戶輪流祀奉；到了國民政府時代，有村人夢到要建大廟，就移駕到草湖玉尊官成為大家的信仰了。

有機耕作活絡農村生活

行健村跟很多台灣農村一樣，大多是60歲以上的老農民。1945年出生的陳春義，從小就跟著父親做田，他用農藥沒幾年後，因為有人教他用化肥控制蟲害的方式，所以已有20多年不噴灑農藥，讓他一方面省了農藥錢，一方面也省了被農藥毒害的看病錢，所以當村長要推動有機米時，他一下子就接受了。只是現在連除草劑都不能放，讓他得經常用手拔雜草，增加了不少工作，但他說：「一點也不覺得辛苦，因為健康勝過一切；而且自從種有機米之後，與消費者的互動增加，到村子參觀的人變多，我覺得很高興。」

除了種有機米田7甲多之外，春義伯也種少許有機茭白筍，利用「活菌」來除蟲。2011年，他接受花蓮農改場的試驗，開始放養烏溜魚和草魚在茭白筍水田中，成為「魚茭共生」的生產模式，之後每一年也都放養不一樣的魚，現在他的茭白筍田有各種魚爭相吃蟲和福壽螺，算是一舉兩得。他說：「自然餵養的魚，魚肉甜美、滑嫩，而且沒有土味，讓我又多了一項收入。」

另一位也種茭白筍的年輕農夫是1973年生的陳國鐘，他比春義伯晚一年接受農改場的試驗，起先放養吳郭魚，後來放養紅尼羅，他發覺放吳郭魚的效果似乎比較好，吃福壽螺吃得比較乾淨。2013年，他也與宜蘭縣政府合作，放養了100隻鴨子在茭白筍田和水稻田中，也是為了幫忙吃福壽螺；但是鴨子也會吃掉小魚苗和一部分稻穗，所以後來就被隔離在外。他說：大約養了五個月之後，幼鴨變成鴨，就被縣政府帶走，只剩一隻留守。

陳國鐘以前在台北上班，生活壓力很大，2007年回鄉務農，原本跟著父親做慣行農法，後來因為村長在推動有機，他就拿出六公頃多的農地一起參與，其中五公頃在隔壁的萬富村種植稻米，收成全

數由企業認購；另外一公頃多在行健村，三分地種茭白筍，其餘種稻米。陳國鐘說：「有機栽種除了比較安全之外，作物也比較好吃；另一個意外收穫是，有機水田的生態非常豐富，經常可見水蛇、鱉、泥鰍等動物，甚至還有野鴨在茭白筍田裡築巢下蛋，夜裡還有螢火蟲，這種悠閒又實在的農村生活讓我十分歡喜。」這說法跟同樣是回鄉務農的沈高男算是有志一同，農夫自由自在的生活步調，讓他們一點也不介意「汗滴荷下土」的辛勞。

從「利潤」為出發的行健有機村，在多年的身體力行當中，發現有機農業除了「獲利」之外有更多好處，健康、快樂、滿足，是金錢買不到的意外收穫，對己、對人、對生態、對土地，都有了最好的回饋，證明有機農業絕對是農村最值得投資的好選項！

01 有機田適合養鴨也吸引野鴨
02 陳國鐘對於農村生活非常滿足
03 陳國鐘的有機茭白筍田

有│機│寶│貝│農│民│曆

1月　2月　3月　**4月**　**5月**　6月　**7月**　**8月**　**9月**　10月　11月　12月　全年

四、五月是蔥的開花期，可欣賞蔥花美姿，但若要買蔥，則須避開開花期。

7月是行健村的稻米採收期，稻米品牌「行健米」。

7～9月：是宜蘭的芋頭產季，行健村也以有機種植多項蔬果。

2011年起，花蓮農改場在宜蘭三星行健村進行「魚茭共生」有機茭白筍試驗，利用紅尼羅魚來防治茭白筍田裡的福壽螺，結果成效良好，也讓有機茭白筍獲利提高。

↑與雜草共生的有機蔥

↑行健村有機稻田

↑有機茭白筍田

↑有機蔥

↑特產「行健米」

↑行健村的有機芋頭

◎主要作物：
　稻米（7月中收）。

◎次要作物：
　蔥（除4～5月開花季外皆可收）、茭白筍（9月收）、各類蔬果。

◎農特產品：
　行健米。

◎特殊生態：
　雁鴨、水蛇、泥鰍、蝙蝠等。

↑行健村的有機蔬果

人文與生態導覽地圖

[01] 牛頭橋

行健村共有五座「牛頭橋」，橫跨在安農溪上，由西而東分別是田心橋、健隱橋、義隱二號橋等三座，而行健溪上則有二萬五橋、健富橋等兩座。牛頭橋在民國86年（1997年）完工通車，其橋欄有戴斗笠的農夫頭、水牛頭、米簍的造型，表現出行健村以農為本的意象。

[02] 安農溪自行車道

安農溪兩岸堤防設有自行車道，全長約10公里，從水源橋到安農溪分洪堰風景區，與相鄰的環溪道路之間有「七米綠帶」；其中，行經行健村的4公里由行健村民認養，負責景觀與環境維護工作，沿路種植各種植物、花卉，使溪岸綠意盎然，令人賞心悅目。

[03] 安農溪的魚梯與泛舟

為了幫助迴游性魚類能在人工的水利環境中順利逆流而上，安農溪設置了「魚梯」，它同時還兼具泛舟滑水道功能，使泛舟較為安全。泛舟路線由天山村下湖橋至張公園親水公園，全長約10公里，時間2小時，一路溪流湍急、驚險刺激。

[04] 行健溪的魚梯

據張美老村長說，民國78年（1989年）為防止水患，將行健溪拓寬並整治，因為以前溪中有很多迴游魚類，便順道做了魚梯，但溪流整治完成後，這些魚卻減少了許多，使魚梯並沒有發揮很好的功效。

[05] [06] 萬富圳水利工程

民國48年（1959年），為提供隔壁萬富村及下游的農田灌溉用水，設置了萬富圳水利工程，將安農溪的水引入萬富圳。在萬富圳橫切行健溪的圳段，有一個「倒虹吸工」的裝置，也就是利用虹吸管原理將水引至另一端的水利工程技術。

人文與生態導覽地圖

[07] 義隱斷橋

位在石頭城的「義隱斷橋」，起因於興建當時，工程設計人員為使橋樑不受水患影響，將義隱橋高度提高，但剛好遇到民國78年（1989年）拓寬整治行健溪並重劃農路，使義隱橋做完之後卻無法連接新農路，所以從未使用就遭留橋面在原處，成為一特殊景觀。

[08] 廣州仔橋

民國98年（2009年），鄉公所建造位於廣州仔的這座橋時，張美老村長建議，利用太陽能及風力等綠色能源來提供橋端的路燈，於是有了這座環保橋。

[09] 泰安宮

位在十九結城的「泰安宮」是行健村民最主要的信仰中心，廟內主神原是池府王爺，鄭成功時代之後，改拜國姓爺（即鄭成功）。

據張美老村長所做的耆老訪談，因為最初有19位村民在此墾荒，為防山上原住民侵襲，當時建有城牆，此地遂稱為「十九結城」。

宜蘭縣三星鄉行健村人文與生態導覽散步地圖

■ 行健有機農產生產合作社
行健村光復路103-6號
張美，03-9899826

二萬五橋
(牛頭橋)

十九結路

健富橋
(牛頭橋)

行健溪

義隱斷橋

石頭城路

廣州仔橋

義隱二號橋
(牛頭橋)

倒虹吸工

沈家石頭厝

合作社輾米廠

萬富圳

廣州仔路

石頭厝

原鴨米

林家石頭厝

泰安宮

自行車道

田心橋
(牛頭橋)

行健有機村合作社

健隱橋
(牛頭橋)

安農溪

張公圍親水公園

006

宜蘭縣
蘇澳鎮
大南澳地區

｜敲｜門｜磚｜

■ 被譽為「宜蘭中的宜蘭」
的大南澳，有著三面環
山、一面臨海的天然環
境，加上開發晚、無工業
汙染的後天條件，最適合
發展成有機村，許多在地
人、外地人共同在此興築
世外桃源。

| 社 | 區 | 風 | 貌 |

遺世獨立的海之角

　　幾乎沿著山壁或穿山而行的蘇花公路一帶，天然的地形阻隔了蘭陽平原與花東海岸，使中間的一段沖積平原直到十九世紀中期才被外人發現，引發歷史上的「大南澳事件」。起因於台灣於1860年開港後，歐洲人發現南蘇澳山以南的大南澳地區為無政府狀態，便於1861年（咸豐11年）陸續入侵這塊地方墾殖，直到1869年才結束。

　　之後，日本人為了開採樟腦，一路從台灣西岸到了東岸，再次發現大南澳平原，便開始招募漢人及當地的葛瑪蘭人入墾，與山上的泰雅人比鄰而居，開啟了大南澳平原文化交融的序幕。據當地耆老說，大南澳平原

從1924年（大正13年）開始招墾，漢人大多來自蘇澳、淡水、新竹等地，主要種植稻米、甘蔗、地瓜，當時的水圳為土堤，為當地居民所挖掘，到了國民政府之後，才統一由水利局管理。

　　大南澳平原的灌溉水主要來自南澳北溪，其主流來自太平山的翠峰湖，水質清澈，與南澳南溪在大南澳平原匯流後，往東注入太平洋。大南澳平原三面環山、東面臨海，形成一個天然的獨立地形，加上開發較晚，無工業汙染，擁有發展有機農業的絕佳條件。近年在地方的積極推動下，不僅有「大南澳地區農村再生協會」的成立，也有許多嚮往田園生活的年輕人在此發展自然農法，有機農業前景可期。

大南澳再生契機

　　大南澳地區大致以台九線蘇花公路為界，以東屬蘇澳鎮，主要人口為漢人，以西則為南澳鄉，主要人口為泰雅族。以「大南澳地區農村再生協會」為首的有機田大部分在蘇澳鎮境內，分為南強段、朝陽段、南溪段，這些有機田被名為「友積南澳田」，目前有30多公頃栽種有機水稻，以及零星的蔬果類。大南澳地區另有約20公頃的有機稻田屬蘇澳農會契作田，另有約10公頃採自然農法耕作，其餘為慣行農法或休耕田。

　　推動「大南澳地區農村再生協會」成立的張竣曉理事長說：「我們大南澳地區因為三面環山，有海霧籠罩，加上水源乾淨、氣候少雨、沙質土壤等因素，種出的稻穀結實飽滿，一直被公認為品質好、口感佳；但自從政府推動休耕補助之後，又因穀價被盤商剝削得很嚴重，大南澳平原的休耕面積曾達到99%。這些荒廢十多年的良田讓我覺得很可惜，於是我跟社區的幾個人開始想辦法，希望以合作社的方式來讓農民獲得較好的利潤，鼓勵他們復耕，並且採用有機農法，避免農民再受到農藥的傷害。但成立

協會及合作社的一些行政及銷售工作，我們都做不來，所以決定去拜託一向熱心公益的張牧師，請他來協助我們。」

大南澳基督長老教會的張興仁牧師來自雲林，2005年開始服務於大南澳地區，雖然這裡的基督徒並不多，但因為曾經輔導當地中小學生課業，以及協助外籍配偶做生活訓練，讓他在地方很得人緣。張牧師說：「他們在2009年來找我談要推動有機村的時候，我一開始並未答應，因為覺得自己是門外漢，擔待不起這樣的重責大任，但推托之後卻讓我心裡過意不去，便在一週後又答應他們，但條件是，必須不是以私利為目的，而是為了社區集體的利益。」

就這樣，「大南澳地區農村再生協會」在張竣曉理事長與張興仁牧師的聯手催生下，於2010年正式成立，張理事長負責與農民的協調工作，而張牧師則負責對外尋找資源。

黃金水源牧師米

首先，張牧師透過其他教會的介紹，認識了宜蘭大學的有機產業發展中心主任——黃璋如教授，她熱心安排協會成員去參觀台灣第一個有機村——花蓮羅山村；接著，張牧師又向宜蘭縣政府申請有機課程的補助，而花蓮農改場蘭陽分場則輔導有機栽種技術，另外也有專業的「迴鄉團隊」作經驗分享，於是大南澳協會便在2011年成立合作社，元月份先辦花海活動宣告世

01 山腳下的「友積南澳田」
02 南澳北溪與南溪匯流
03 三面環山的大南澳正適合發展有機農業

01 大南澳的自然生態
02 大南澳有機田區
03 大南澳有機稻米

人,二月份便將這些花海堆成綠肥,首次耕作有機水田約25公頃,參與耕作的農友有十多人,從最年輕的65歲,到最老的81歲,大家都對有機耕作躍躍欲試。

第一年,為了增加產量,種植「台南11號」水稻品種,總共收成100多公噸,讓參與的農友們信心大增;但是面臨銷售的問題,張牧師又去找縣政府,縣政府請五結農會幫忙收購,也留了10公噸由大南澳合作社自創品牌銷售,實驗自產自銷的可能性。張理事長說:「當時大家都在想品牌名稱,我本來建議用『黃金米』,因為我們用的南澳北溪水源可以淘出金砂;但大家為了感念張牧師的無酬無私協助,決定取名為『牧師米』。」張牧師則謙虛地說:「其實也因為有長老教會的支持,我才能分文未取地為社區服務。」

第一年的「牧師米」,因為價格賣得比一般有機米稍低,透過網路和口碑,所以銷路不錯;但是因為合作社沒有儲藏和輾米設備,還得向農會買回包裝白米,使得利潤極低。第二年,五結農會希望改種市場上消失已久的「高雄141號」,以便和它牌有機米作區隔,但這品種產量低,農會收購價格又比前一年低,使得農民怨聲四起,幾乎要失去繼續種下去的決心。

負責尋找資源的張牧師只好再想辦法，這次又找了一向幫助社區從事有機農業發展的「迴鄉團隊」，迴鄉請企業認購一半，另一半由合作社自己銷售。但迴鄉也提出了兩項條件：一是要求大南澳合作社要自己買輾米設備，二是迴鄉願意提供三年的企業認養，但之後一定要靠自己。此後企業認養也遇到了貴人，有人幫他們寄米給多位大企業的老闆，使「牧師米」的口碑越傳越廣，並在媒體的報導下，知名度越來越高；而這知名度也引來嫉妒者的攻擊，在第三年收成之後，竟有流言說牧師米已經銷售一空，結果反而造成大量滯銷。

專業老農共創有機事業

對於有機米的未來，現任有機米產銷班班長——蘇朝欽說：「種有機米帶給自己和消費者健康，經過認證更讓消費者有信心，而且我們在張牧師的嚴格監督下，大家種了四年也已經養成不用藥的習慣，不僅給消費者建立品牌信任度，也給產銷班班員建立榮譽感。」

01 合作社輾米廠
02 張興仁牧師與合作社民宿
03 蘇朝欽的茭白筍田

1950年生的蘇班長，6歲時父親就過世，13歲跟著阿伯種田，一個人扛起所有家計，以農維生，太太戴育霞本是他的鄰居，兩人還沒20歲就結婚，跟著蘇班長種田到現在。即使很多老人家都退休了，現年64歲的他覺得還算年輕，還可以繼續工作，便把別人不種的田都承接下來種，目前已經種了10多甲稻田，還有自己的耕耘機等農用機具，也種有少量的茭白筍、黃豆等作物，十年前就曾幫永豐餘種有機茶，是非常專業的農民。

同樣種植有機稻米、黃豆、茭白筍的還有蔡輝雄阿伯，1943年生的他，16歲就跟著父親種稻，當時做的是慣行，但因為覺得農藥對身體不好，加上稻米價格也不好，後來轉行當水電工，一做就是二、三十年。自從政府開始對休耕進行補助，他也跟著申請休耕，沒想到後來在張牧師與張理事長的勸說下，自己的田地竟又復耕種起有機，八分稻米、五分黃豆、三分茭白筍。蔡阿伯說：「我希望將來全台都能種有機作物，癌症等文明病才不會這麼多，自己也才不會不小心吃到有毒的作物，這樣對我們的下一代才健康。」

生態與生活共進

種有機作物不僅為了自己和消費者的健康，也是對其它生物的一種愛護。自從大南澳地區大量種

01 蘇朝欽與戴育霞站在他們的有機田中
02 蔡輝雄與他的稻田
03 蔡輝雄家前晒黃豆
04 林萬鐘是年紀最大的農夫

植有機作物之後，每年在春耕到夏收的這段期間，「鳥害」總是讓農民傷透腦筋，他們晚上還得爲此巡田，燒柴驅趕水鳥。對於越來越多的雁鴨，有的農民抱以「先除之而後快」的心態，有的農民抱以愛惜憐憫之情，蔡輝雄阿伯就說：「雖然水鳥常會吃作物，但也會吃害蟲，並不全然有害；而且牠們佇留的時間不長，能趕盡量趕，趕不掉也不要去傷害牠們，畢竟也是生命。」

大南澳有機米產銷班中，年紀最大的是林萬鐘阿公，1934年生，現已80歲的他，身體還非常硬朗，年輕時曾經出海當漁夫二、三十年，現在配合大南澳合作社種四分有機稻田，他認爲這樣不僅能讓自己吃到健康的米，也可以作爲老人家的一種休閒活動。

以合作社共享共榮

在歷史因素的作祟下，大南澳地區的田地目前屬於國有財產局，所以按照規定，農地不可以蓋農

舍，只能蓋不超過100平方公尺的農業設施，這使得合作社需要的輾米室、貯藏室、烘乾室都窒礙難行，張理事長便先提供自己的祖宅作為輾米室，希望將來可以通過專案申請，讓合作社設備更加完善；但也因為不能蓋農舍的規定，使這裡的農田得以保持完整，避免出售之後成為變相的別墅區。

對社區發展極為關心的張理事長說：「大南澳合作社透過社員『認股』的方式來共同經營，利潤與農民共享，避免中間商的剝削，是為了鼓勵更多人一起來種田，不分本地人、外地人，只要你想種田，我就幫你找田，不要再辜負了這裡的好山、好水、好田地。」熱心公益的張牧師也找了一間廢棄多年的60年日式老房子，整理成合作社共同經營的民宿，名為「友積11號」，提供背包客及農村體驗者有便利的住宿環境。

但張牧師也憂心忡忡地說：「這裡山區不斷有礦場出現，使原本清澈的溪水變得混濁，雖然有機檢驗仍然通過，但不知會不會破壞這裡的優良環境？」希望在這麼多人的努力下，大南澳地區不僅成功發展為有機村，更希望永遠保持這份純淨無汙染的環境與人心。

↓南澳溪

┃有┃機┃寶┃貝┃農┃民┃曆┃

1月　2月　3月　4月　5月　**6月**　7月　**8月**　**9月**　10月　11月　12月　全年

黃豆富含營養成分蛋白質、碳水化合物（約占20%）、油脂等，是國人重要的糧食來源，未成熟前即是常見常吃的毛豆。

大南澳的有機稻米命名為「牧師米」，為感念張牧師推廣有機耕作的大德。

大南澳的茭白筍田野也採「魚茭共生」方式防治福壽螺。

↑黃豆作物

↑晒黃豆使其脫殼

↑社區的有機稻米

↑大南澳的茭白筍田

↑有機稻子開花

↑茭白筍

🐚**主要作物：**
　　稻米（6月中收）。

🐚**次要作物：**
　　黃豆（6月收）、茭白
　　筍（8～9月收）。

🐚**農特產品：**
　　牧師米。

🐚**特殊生態：**
　　各種水鳥、青蛙等。

↑牧師米

🌽 人文與生態導覽地圖

[01] 烏石鼻海岸自然保留區

大南澳地區北方以「烏石鼻」與東澳灣分隔，是一座突出於太平洋的狹長海岬，岩體主要為東西向的片麻岩脈，但因此地片岩較周圍堅硬，在侵蝕作用下而成鼻樑形狀，鼻頭最高點距海平面170公尺，陡峭至極，而且波蝕作用及邊坡崩坍作用仍在進行中。

此地在民國83年（1994年）依文資法公告為「烏石鼻海岸自然保留區」，劃屬於宜蘭縣蘇澳鎮朝陽里，總面積347公頃，區內有豐富的林相，屬於典型的亞熱帶常綠闊葉天然林，並有多種鳥類棲息，亦可發現台灣獼猴、鼬獾、白鼻心等大型動物。

[02][03] 龜山與朝陽國家步道

海拔181公尺的龜山，位於蘇澳鎮朝陽里南側，是一座東臨太平洋的獨立小山頭，最高點有一處觀景台，一百多年前的清兵曾在龜山觀景台附近設置砲台，因此龜山又被稱為「砲台山」，亦有「南澳龜山」之稱。

龜山內的「朝陽國家步道」，共有三個出入口，主入口位於南澳漁港旁，主線全長2.2公里，腳程約一個半小時，支線約80分鐘腳程，在此可見多樣原生植物，也可全覽南澳漁港，更可遠眺烏石鼻與太平洋，是條景觀豐富的健身步道。

[04][05] 南澳漁港

同樣位於朝陽里內的「南澳漁港」，亦被稱為「朝陽漁港」，於1993年動工興建，包括南、北外廓防波堤和碼頭，共計三百公尺。

由於附近海域資源豐富，此處亦成為磯釣客的天堂；也由於附近海域較無汙染，每到下午三、四點左右，漁船入港之時，便有許多人來此購買新鮮魚貨，非常物超所值。

[06] 南澳農場

同樣在朝陽里內的「南澳農場」，目前由國有財產局與宜蘭縣政府合作經營，對外免費開放作為休閒農場。農場內有生長茂密的桉樹林、原生植物園、四季花果，及有機蔬菜栽培區，農場內亦設有露營區、烤肉台、天文觀測台等，適合在天氣晴朗的夜晚觀測星象。

[07] 南澳原生植物園

沿著「南澳生態教育館」的指標會找到「南澳原生植物園」，其籌設起源於1995年7月，林務局南澳工作站新建辦公室之遷建計畫，將原本的樟樹造林地闢建為植物標本園，並將南澳工作站辦公室規劃為「生態館」與「森林館」。

園區面積共約9公頃，平均海拔只有25公尺，地勢平坦。這裡可見到上百種台灣本土植物，將教育訓練與知識生活結合在一起，讓參觀者體認森林生態的重要性。

人文與生態導覽地圖

[08] 金岳瀑布

大南澳的灌溉之源——南澳北溪有條支流名爲「鹿皮溪」，其上游有條瀑布因位在金岳村內而名爲「金岳瀑布」，瀑布因爲還沒有人工步道可以前往，只能到達瀑布下方的潭邊，所以鹿皮溪已經成爲許多溯溪愛好者的中難度路線。

從鹿皮溪尾溯溪而上，一共會經過六段大小瀑布，金岳瀑布在最上層，從數十公尺高處飛瀉而下，暢快涼爽；最下層則於潭邊遠遠可見，觸碰潭水，沁涼透心，是夏日消暑的好去處。

南澳北溪上游的峽谷景觀秀麗，也因爲水質清澈無汙染，孕育多種稀有魚類，已被列爲自然魚類資源保護區。

[09] [10] 莎韻紀念碑與紀念公園

南澳鄉蘇花路二段西側路邊有一座涼亭，亭內掛了一只鐘，這是爲了紀念一位泰雅族女學生不幸遇難的「莎韻之鐘」；另外，在武塔村內還有一座字跡斑駁的石碑，也跟莎韻有關；以及連接武塔村與金洋村的「莎韻橋」，都是爲了紀念這位少女。

故事發生在日治時期的1938年（昭和13年）秋天，一位利有亨社的少女——莎韻哈勇，爲了替準備赴戰場的日籍老師搬運行李，在暴風雨中不幸跌落山谷而往生，當時臺灣總督爲了褒揚莎韻的事蹟，便頒贈了一只鐘給利有亨社，這只鐘就稱爲「莎韻之鐘」。

莎韻的故事後來還被編入日本教科書，作爲宣傳皇民化政策的樣本，也有述說莎韻故事的歌曲、畫作、話劇、電影出現，甚至還被改編成「師生戀」的情節；多年之後，也有人爲了尋找「莎韻之路」而跟著步上莎韻的落谷旅程。

宜蘭縣蘇澳鎮大南澳人文與生態
導覽散步地圖

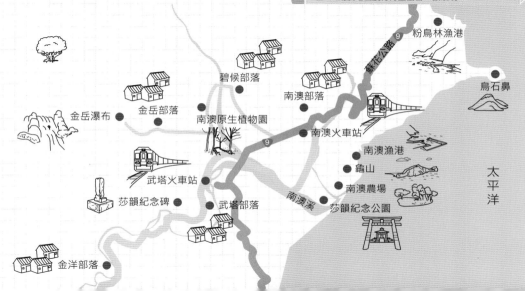

■ 大南澳農業生產合作社
　蘇花路二段268號，03-9984305
■ 大南澳教會
　南強里南澳路12-2號，張興仁牧師，03-9981649
■ 大南澳地區農村再生協會，張竣曉，0937-159779

花東地區

生態家園

中央山脈的綿延阻隔，使花東地區有「後山」之稱，阿美族曾是這裡的最大族群，其他還有卑南、排灣、魯凱、布農、撒奇萊雅、太魯閣等原住民世居於此，來自西部的閩客漢人以及少數的平埔族，共同守護了這塊台灣最後的淨土。

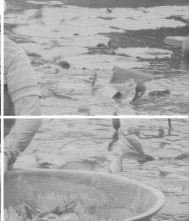

007
Hualien

花蓮縣
秀林鄉
西寶社區

| 敲 | 門 | 磚 |

■ 地處太魯閣國家公園內的
西寶聚落，在太管處委請
驗證單位輔導下，與當地
農民一起努力，成為國家
公園內農田轉作有機的社
區，並以「黃嘴角鴞」作
為綠色保育標章，共同守
護這片青山綠水。

01 前往西寶社區的路旁都是有機溫室
02 從天祥過了西寶隧道很快就到西寶聚落

|社|區|風|貌|

國家公園內唯一聚落

順著中橫公路台八線從花蓮新城往內走，來到名聞遐邇的太魯閣國家公園，過了天祥風景區之後，距離約8.5公里的地方，有一處國家公園內唯一的聚落——西寶。這裡的常住人口只有11戶，居民為榮民後代，大多以農維生，聚落與農田都位在河階上，可耕地只有約二十公頃，四周被山巒圍繞著，這個迷你聚落在太魯閣國家公園管理處（簡稱「太管處」）的輔導下，正朝著有機生態村的方向發展。

提到國家公園內的唯一聚落，就不得不談談西寶的發展歷史。最早，這裡是太魯閣族的部落——Sipaw，日治時期的1937年，日本人將原住民遷出太魯閣，西寶部落居民被遷到同樣在秀林鄉的文蘭村重光部落，以及現在的花蓮縣萬榮鄉紅葉部落（當地也有叫「西寶」的聚落）；國民政府時期，1956年因為開闢與拓寬中橫公路的緣故，為解決工程人員的食物來源，便將西寶一帶的河階地開發成「西寶農場」，有些榮民為了照顧農場便在這裡居住下來，等到中橫開路工程結束後，也有一些榮民被退輔會安頓在這裡謀生，他們與附近原住民婦女結為連理，與其子孫形成新的西寶聚落。

西寶社區的變遷

　　最先，中橫的榮民聚落不只西寶一處，西從大禹嶺，東到谷園，都有小型的榮民聚落，「西寶農場」大約就在這個範圍內，居民在此種植蔬菜、水果，發揮中高海拔的植物特性，種出有別於平地的蔬果種類與風味。1986年「太魯閣國家公園」成立，開始進行農地收購，退輔會位於國家公園內的面積從243公頃銳減為45.8公頃，許多聚落也在此時消失，僅剩西寶以及一些零星的家戶。1981年開始的十年內，退輔會又陸續辦理「土地放領」計畫，將西寶農場內的土地所有權轉讓給還在耕作的居民，從此土地變成私有，可以進行買賣，有些榮民或後代因此遷出，農田所有人產生了些為變化，居民也越來越少。

01

有機耕作起源

　　西寶居民陳新珠也是榮民後
代，從小在西寶聚落長大，家人以
農維生，與這裡的居民十分熟稔。
她二十多年前從外地回到家鄉，先
在天祥做買賣，結婚之後，與先生
開始管理西寶的兩甲多農田，以慣
行農法種些蔬菜維生，收成之後就
送到花蓮的果菜市場批發。2004
年，二哥陳定澧成立「花蓮縣中橫
休閒觀光發展促進會」，希望在
社區推動觀光，但初期沒有具體成
效；2010年，陳新珠開始在促進

01 四面環山的西寶適合發展有機村
02 有機高麗菜田
03 西寶的有機田區

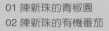
01 陳新珠的青椒園
02 陳新珠的有機番茄

會擔任執行秘書，她先是收到一紙社區營造計畫的公文，便開始跟這個領域產生關聯，進而積極向公部門申請經費，開始做社區文史調查與記錄，以及生態環境的調查，從此這個迷你社區的大小事便都來找她。

巧合的是，2010年下半年，「太管處」想在國家公園內的原有農田上推動「有機農業」，好減輕社區產業對生態保育的危害，於是請來「慈心有機農業發展基金會」對區內農民進行農業轉型勸說與輔導。剛開始，農民因為擔心對有機農法不熟悉，會造成收入短缺，儘管慈心以生態保育的觀念導入，又

以保價收購的方式希望農民放心，但參與有機耕作的農田仍只有位在西寶西坡上的兩三分地，而且放任作物生長，沒有做特別管理。

第二年，西寶農民接受慈心的勸說，整個位在社區「西坡」的農田都漸漸轉成有機栽種，陳新珠位在台八線路邊的農田也跟著全部轉作。2012年，太魯閣國家公園內的有機農田，從西寶擴及到洛韶、華祿溪、新白楊的農田，全部有機驗證面積到了2014年已有12公頃，參與農戶共10戶；其中，西寶聚落的有機田面積最大，整個可耕地已經有一半以上轉成有機無毒農田，而且擁有完整區域及不被汙染的水

源，正適合發展有機村。

　　陳新珠說：「雖然種有機的產量只有慣行的一半，但是收入跟種慣行差不多，而且多賺到了健康。說到辛苦，其實做慣行也很辛苦，而且弄得土地越來越不健康，病蟲害越來越多，管理上也越來越麻煩。」她的先生──張榮文則說：「做農很辛苦，做有機更辛苦，以前有病蟲害就打農藥，十天打一次就夠了，現在用有機資材每四、五天就要打一次，懶得打的話，蟲子就來了。我們這裡還有颱風、猴害等問題，所以有些人就想棄農改行。」有機作物的保價收購雖然保障了農民收益，但是在作物短缺而菜價上揚時，反而比慣行少賺很多，所以有農戶希望有機作物的收購價格也可以有一點波動。

綠色保育標章

　　西寶的農田除了申請有機驗證通過之外，也申請「綠色保育標章」，他們以這裡的特有珍禽「黃嘴角鴞」為標誌，讓還沒通過有機驗證但已經採用有機農法的農田，也可以因為綠保標章而有一些鼓勵。黃嘴角鴞是一種夜行性保育類動物，也是我們俗稱「貓頭鷹」的一種，太管處與慈心曾聘請專家到社區進行生態調查，發現這裡有80至90種鳥類、70多種蝴蝶，以及種類繁多的昆蟲等，而「黃嘴角鴞」因為會吃田裡的害蟲，對作物很有幫助，所以成為社區居民共同選出的生態最佳代言人。

01 陳新珠的有機田與溫室
02 陳新珠在溫室內
03 陳新珠的先生張榮文

　　為了推動社區美化，西寶社區與太管處的合作不僅在有機耕作上，也向太管處認領社區內國家公園土地，進行楓樹、槭樹、台灣欒樹等原生樹種的栽植，並配合太管處在西寶社區做遊客導覽行程，進行農村體驗、聚落參觀、生態解說等，以「花蓮縣中橫休閒觀光發展促進會」為統一對外窗口，並培訓農民做導覽解說，陳新珠希望將來西寶社區能夠全面走向有機生態村，帶動社區的低度旅遊，好讓更多年輕人回鄉發展。

01 西寶社區向太管處認領植樹美化
02 西寶社區理貨場

|有|機|寶|貝|農|民|曆

1月　2月　3月　4月　5月　**6月**　**7月**　**8月**　**9月**　10月　11月　**12月**　**全年**

↑西寶社區也自行育苗以確保有機品質

番茄是西寶社區的主要作物，每年春後開始栽培番茄苗，直到6、7月收成。

青椒一年四季均可栽培，高冷地的青椒在6-9月是產季。

蘿蔔也採溫室栽種，10月播種後在12月收成；隔年到二月則讓土地休耕以恢復地力。

中橫公路開闢期間，西寶聚落水源不缺，只是食物皆需仰賴外地，政府於是選定西寶作為葉菜蔬果栽種與供應的主要農場，也因此成為現今的高冷蔬菜產業區。

↑有機番茄

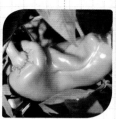
↑社區栽培的青椒

↑蘿蔔干與高麗菜干特產

↑高麗菜

◉主要作物：
　高麗菜、牛番茄。
◉次要作物：
　青椒、蘿蔔、芥菜、山東大白菜。
◉農特產品：
　高麗菜干、蘿蔔干。
◉特殊生態：
　黃嘴角鴞等鳥類、蝴蝶多種、甲蟲等昆蟲、獼猴等各種哺乳動物。

↑以黃嘴角鴞作為綠保標章

人文與生態導覽地圖

[01] 西寶國小

西寶聚落內的「西寶國小」，是花蓮縣政府教育局實驗發展體制內「森林小學」的一所迷你學校。該校設立於1963年，原是為了照顧中橫沿線榮民子弟就學而創立，最初為富世國小的分校，歷經兩次獨立與分校之後，1996年成立「西寶實驗學校」獨立至今。

2001年由教育部補助一億兩千萬重建校舍，以綠建築的概念作設計，校舍屋頂稜線與周圍的山脈相融，並成為沒有圍牆的開放式校園，其設計曾獲2003年某專業建築雜誌評選為年度建築首獎。

目前西寶國小學生有50多人，分為六個年級，成員除了少數為西寶聚落子女之外，大多來自花蓮縣其他各鄉鎮。學校中設有學生宿舍及餐廳，並設有舍監幹事照顧學童生活起居，大家生活宛如一個大家庭。

[02] 西寶天主教堂

建造於1967年的西寶天主堂，工程費時一年，當年因路況不佳，道路經常受阻，建造過程中需以人力搬運。在民生困頓的年代，西寶天主堂常提供麵粉給居民；在西寶國小還沒成立前，學童也曾經在這裡上課。

西寶天主堂過去隸屬於天祥天主堂管理，神父也由天祥出派到此宣教，天祥最後一任神父於1978年派任，退休之後，西寶天主教堂就沒有神職人員進駐；現在由新城鄉天主堂管理，偶爾仍會有人前來清潔打掃，所以外貌維持得不錯，堪稱是小而美的教堂。

[03] [04] 太魯閣國家公園

「太魯閣」一詞來自這裡的原住民—— 太魯閣族（Taroko），國家公園計畫最早可追溯至日治時期，後來於民國75年（1986年）正式成立。範圍南北長約38公里，東西寬約41公里，面積共計92,000公頃，地跨花蓮縣、南投縣、臺中市三個行政區，園內有中橫公路通過，是台灣第一條東西橫貫公路。

太魯閣國家公園東臨太平洋，區內屬中央山脈北段，1000至3000公尺的溫帶山地約占全區四分之三，最高點為海拔3,742公尺的南湖大山。水系大致以中央山脈為分界，東側主要屬於立霧溪，少部分屬於木瓜溪及三棧溪流域，西側則分屬大甲溪與濁水溪上游。

園區因位於歐亞大陸與菲律賓板塊的碰撞交界地帶，持續進行極速造山運動，加上立霧溪的極速下切作用，形成落差極大的峽谷地形，深度超過1,000公尺，加上大理石岩層厚度達千餘公尺以上，分布範圍十餘公里，使「太魯閣峽谷」成為台灣八景之一。

[05] 天祥

天祥位於中橫公路東段，距太魯閣峽谷約19公里，大沙溪與塔次基里溪在此匯聚為立霧溪，溪水長年堆積侵蝕，造就了多層次的河階地形。太魯閣族稱此地為「塔比多」，意指山棕，日治時期曾在此設佐久間神社；中橫公路開通後，改設文天祥塑像，從此更名為「天祥」。

人文與生態導覽地圖

太魯閣國家公園管理處在天祥設置管理站，提供遊客解說諮詢服務，是園區內的重要遊憩據點，普渡橋、祥德寺、白衣觀音、天峰塔、稚暉橋等，都是天祥的地標，這裡也可以找到餐飲店、飯店、公車站、停車場、郵局、天主堂、基督教堂等。

[06][07] 迴頭彎步道

中橫路上的「迴頭彎」是兩條步道的起點，一是通往梅園與竹村，二是其岔路可通往蓮花池。步道沿大沙溪而行，前段路面平緩，約半小時可到九梅吊橋，步道在此分岔，直行可達梅園與竹村，右轉通過吊橋可達蓮花池。吊橋之後的路頗為陡峻，在森林中迂迴爬升，約一個半小時可抵達蓮花池，過去從迴頭彎有一溜索可直達，現已停用。

蓮花池海拔高度約1180公尺，是高山谷地中的天然水池，面積約一公頃。過去這裡曾有太魯閣族的蘇瓦沙魯部落，族人稱它為「gsilung」，意指「水潭」，後因池中開滿布袋蓮，遂更名為蓮花池。

中橫公路開通後，蔣經國為照顧築路榮民，令退輔會安排榮民在梅園、竹村、蓮花池等地生活，村民在此種植蔬菜和水果，進出全靠這條步道，而溜索是為了方便物資的運送。當榮民逐漸老去，陸續搬遷下山，如今三處聚落已漸荒廢，慢慢恢復自然風貌，還地給野生動植物。

花蓮縣秀林鄉西寶社區人文與生態導覽散步地圖

諮詢窗口
■ 中橫休閒觀光發展促進會
富世村西寶7號
陳新珠，0919-963686、03-8691017

008

花蓮縣
壽豐鄉
豐田地區

|敲|門|磚|

■ 在民間與政府的齊心努力
下，壽豐鄉成為花蓮縣第
一個以政策推動有機無毒
農業的鄉鎮；其中，日治
時期在花蓮的移民村之一
的「豐田」，也在社區組
織的推動下，將打造成一
處環境教育場所。

01 豐田村筆直的街道在日本時代就已定型
02 生態農場水鳥與蓮花
03 豐田村開村紀念碑

|社|區|風|貌|

日本移民村

中央山脈荖腦山下，壽豐溪與花蓮溪匯流處，原是一片人煙稀少的未墾地，僅住少數阿美族人。1911年，日本統治者爲了紓解國內的人口壓力，在台灣花蓮設置了三個移民村，其中之一便是這片後來被稱爲「豐田移民村」的土地，亦即今日壽豐鄉的豐山、豐裡、豐坪等三村。

日本人在1913年（大正2年）正式移入豐田地區，他們以慣有的棋盤式格局建構豐田村，神社、移民指導所、醫療所、小學、派出所、佈教所等公共設施先後完成，這些歷史軌跡依然存在當時作爲行政區的豐裡村。當年聚落外即是日本移民開墾的農地，以甘蔗爲主要作物，稻米次之，兩者總和爲90％以上，並種有一小部分的菸葉以提高經濟效益。

日本昭和時期（1926年起），由於台灣西部謀生困難，許多新竹、苗栗的客家人與部分福佬人也

01 牛犁協會的育苗區
02 農會有機農場的玉米摘採體驗
03 農會的有機農場

移民到後山幫日本人耕種或墾荒。日本人離開台灣後，原住在邊陲地帶的客家人得以進駐聚落的核心區域，使今日的豐田村以客家人為主，約占63％。國民政府遷臺後，也有來自宜蘭、雲嘉的福佬人先後加入豐田地區，成為三村的次要人口；接著，先後來到這裡的阿美族人、外省人、外籍移民又加入豐田地區，使豐田繼續成為一座移民村。

社區與農會同推有機產業

從1996年就在豐田地區深耕的「牛犁社區交流協會」，不僅成立「豐田文史館」記錄了豐富而珍貴的史料，也致力於改善台灣農村問題，例如：休耕農地、環境衝擊、人口老化、隔代教養、外籍婚配等等，協會理事長楊鈞弼領導有成，如今協會員工30多人，對內與豐田社區建立良好關係，對外則到其他社區從事輔導與教育工作。「牛犁協會」並利用豐田地區的廢耕農地進行有機農業的試驗，或是作為育苗場、生態池等等，成為推廣生態旅遊的窗口；2003年起，更與林務局合作，在豐田推動「社區林業計畫」，期望將豐田地區打造成一個環境教育場所，讓豐田可以成為一個安居樂業的家園。

此外，壽豐鄉農會爲配合政府政策，讓農村走向休閒化，也在2002年促成「壽豐休閒農業區」，範圍除了豐田三村之外，也含括壽豐、共和兩村，不僅聯合區內的養殖、民宿、餐廳業者，也納入當地的有機無毒農場以及多處生態教育場所，使壽豐鄉成爲花蓮縣政府推動無毒有機農業的第一個鄉鎮，至今已有30多公頃有機無毒農地。農會自己也在豐坪村開闢一座2.7公頃的生態農場，種植40多種有機作物，聘任一位場長專職管理，並配合農會在台11丙線路邊設立的「風華再現館」，爲遊客安排壽豐鄉的旅遊行程，帶領遊客做農事體驗，與社區聯手推動無毒休閒產業。

有機農業旗手

壽豐鄉首位進行有機栽種的農民是豐裡村的李家豐，他在1999年就開始從事有機農業，爲了花蓮這片好山好水，也爲了逐漸加溫的健康飲食市場，先見之明讓他現在在有機市場中頗具知名度。

1962年生的李家豐，從上一代開始來到花蓮這片土地耕種，當年他才9歲，自小就跟著父親過田園生活的他，當兵退伍後就回鄉種田，當時用的是慣行農法。後來因爲李家豐看到施灑農藥、除草劑對土地的傷害，爲了「永續經營」自己的土地，他決定說服父親改用有機種

01 李家豐與太太合影
02 李家豐的網室耕作
03 李家豐的育苗室

植，並且不畏旁人訕笑的眼光。為了防治蟲害，他開始投資巨款搭建一間間網室，從最初的大颱風一吹就倒的基本款，歷經不斷改良與加蓋，到現在的鋼柱加強版，他一共擁有幾十間栽種各種不同蔬菜的網室，面積達3.6公頃，加上他引以為傲的噴霧式灑水設備，他種出美麗又盛產的健康蔬菜，銷往台灣各大有機市場，甚至百貨超市，經常是供不應求。

有機價格不該高不可攀

　　繼之而起成為豐田第二位有機專業農民的是江玉寶，原本讀工科的他，一退伍就在城市當上班族，24歲那一年，為了繼承父業被逼著回鄉種田，當時的他依然認為「農業是落後的產業」，卻也認命地為生活而努力打拼，30歲就「五子登科」，當時用的是慣行農法。有一天，他的兒子被老師交代回家要做一個功課：觀察螢火蟲，他突然驚覺務農了十幾年，竟然在自己的田裡找不到一隻螢火蟲，童年時的泥鰍、鰻魚也不見蹤跡，這時他才發現農藥對環境的殺傷力，從此決定

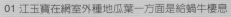

01 江玉寶在網室外種地瓜葉一方面是給蝸牛棲息
02 江玉寶的有機網室
03 山苦瓜的葉與藤蔓

改用有機農法，讓土地恢復生機，那一年是2003年。

江玉寶說：「噴灑農藥對抗菜蟲，就像布袋戲裡的『黑白郎君』對戰『網中人』一樣，網中人（蟲）每被打敗一回就蛻變一次，武功（抗藥性）越來越強；到最後，黑白郎君只能研發更有效的武器（農藥）來對抗他，就像農藥行會將農藥越做越毒，也不斷用新農藥來控制農民一樣。」

做有機的第一年，江玉寶的農作物產量只有過去的十分之一，讓很多用慣行農法的農人看他笑話；但是在往後的每一年，產量都不斷增加，到了第五年，不但產量跟用慣行時一樣多，生態也回復到更早以前的狀態，讓他對自己的決定與方法充滿信心。江玉寶說：「只要營造出菜蟲的天敵所喜愛的環境，讓天敵來對付菜蟲，也讓菜蟲可以在別的作物先吃飽，這樣一來，就算不噴灑農藥、不治害蟲，菜蟲數量也會越來越少，讓有機耕作變得越來越輕鬆。」

除此之外，江玉寶也研發出山苦瓜茶包，並種植國宴級的食用百合，讓他的有機事業有了豐碩的營業額。儘管如此，江玉寶卻認為：「有機食物不該成為流行界裡的LV，要推廣生態與健康，就該讓它平價化。」自從江玉寶無意中發現他所生產的有機蔬菜在超市裡賣出連他自己都難以接受的價格之後，他在自己農場的一塊白板上寫下各種蔬菜的批發價，無論顧客買多買少，只要直接跟他購買，他一律給同樣價錢，而且也歡迎消費者到他的農場參觀，或是有心從事有機農業的人與他交流，他都樂於與人分享心得。

花蓮生態農場

豐田地區還有一座種了六、七池睡蓮的生態農場，每到蓮花綻放的季節，桃紅、粉紅、藍紫、鮮黃的繽紛色彩，讓人陶醉其中，也吸引一大群雁鴨在此駐足。農場女主人潘靜怡說：「一開始種睡蓮只是為了觀賞，那時我們主要是開風味餐廳。後來因為我先生罹患肝病，被醫生宣判只剩一年生命，我們從此改吃有機食物。2004年他換肝手術成功後，我們決定發展有機生態農場與民宿，並經人指點後，將睡蓮烘乾製成蓮花茶來販售，還取得有機認證，現在也成為我們的主要產業之一。」

潘靜怡的生態農場有9公頃大，因為從不施灑農藥、除草劑等有毒藥物，成為生態完整的區域，各種鳥類、蝶類、蛙類、蛇類、蟲類等等已經以此為家，所以她的農場也提供住宿客人的生態導覽服務，或預約DIY體驗課程。這片生態農場除了種蓮花之外，也種一些菱角等水生作物和蔬菜，潘靜怡說：「所

謂『有機』就是等蟲、鳥吃剩，才給我們人類吃，所以產量比一般慣行農法少，但就是健康。」對於有機作物給健康帶來的好處，潘小姐與她的先生一定比別人都知道。

豐田地區有這麼多農民與居民在自身體認下而從事有機農業與教育，使這座擁有日式風格的恬靜社區，充滿生態與人文魅力，相信在社區工作室與農會的合力推廣下，豐田地區一定可以朝向生產、生態、休閒、教育等多層次發展。

01 生態農場女主人潘靜怡剪蓮花
02 生態農場採收蓮花

有｜機｜寶｜貝｜農｜民｜曆

1月　2月　3月　**4月**　**5月**　**6月**　**7月**　**8月**　**9月**　**10月**　**11月**　12月　**全年**

4～11月：彩椒含有 β 胡蘿蔔素和維生素C，常用於生菜沙拉、果汁、春捲等生鮮食用。

5～10月：百合屬於藥用、食用和觀賞的多年生球根花卉，社區也有栽種。

6～9月：生態農場裡的蓮花兼具實用與觀賞價值。

春夏二作5～10月；8～10月：山苦瓜雖是蔬菜作物，當地農民也研發出具有特色的山苦瓜茶包。

小黃瓜產季全年，尤其春夏兩季最豐，營養豐富、解熱清火。

↑彩椒

↑食用百合

↑睡蓮

↑小黃瓜

↑蓮花茶

↑山苦瓜子

◉ 主要作物：
　彩椒、山苦瓜、蓮花。

◉ 次要作物：
　食用百合、各類蔬菜。

◉ 農特產品：
　山苦瓜茶、蓮花茶。

◉ 特殊生態：
　花嘴鴨、綠頭鴨、紅冠水雞、環頸雉、白頭翁等鳥類，以及各種蛙類、蝶類、蛇類等，也可見獼猴的蹤跡。

↑農會有機農場的青菜。

人文與生態導覽地圖

[01] 豐田文史館

位在豐裡村民族路上的「豐田文史館」原為日式舊農舍，經主人江金樹家族同意，牛犁社區交流協會於2006年起進行內部整修與環境綠美化，成為協會對外交流與推廣社區事務的場所；2011年並整理成為「豐田文史館」，展示社區的文史與文物。旁邊的一間小屋，是社區老人供膳的廚房。

[02] 日本移民指導所

1910年（明治43年），日本人選定豐田作為移民村，隔年（明治44年）設立「豐田移民指導所」作為移民村的最高行政機關；1913年（大正2年）臺灣總督府招募日本移民179戶，866人入墾豐田，正式建立「豐田移民村」，並完成這棟「移民指導所」的建築；大正7年（1918年）結束官辦移民，並廢除豐田移民指導所，該建築改設為花蓮港豐田出張所。

日本時代的豐田村分為大平、中里、森本、山下等四個聚落，這棟建築就位在「中里」，現在為「豐裡村」。原建築為木造結構，茅草為頂，施工簡陋，大正年間的幾次颱風之後，可能受到嚴重損害，所以改建成現今的水泥樣貌。國府時期之後，曾作為豐裡國小的教室使用，其後荒置多時而殘破不堪，2013年以縣級歷史建築公告為文化資產，未來將整修規劃為豐裡國小校史館。

[03] 豐田小學校劍道館

創設於1913年（大正2年）9月的豐裡國小前身即為「豐田小學校」，當年專收日本小孩就讀，漢人及原住民小孩必須到壽豐國小就學，當時名為「月眉蕃人公學校鯉魚尾分校」。當年建物如今只剩下「劍道館」，也就是現在的禮堂，已公告為縣級歷史建築。

[04] 壽豐客家文物館

原為日本警察廳舍，但內部損毀嚴重，1990年經文建會整修成「壽豐文史館」，除保留原始泥竹牆外，屋瓦、樑柱、迴廊均為整修及增添之設施，前方之兩座水泥柱為日本時期警察廳舍庭院正門之遺址。2011年，原「壽豐文史館」由鄉公所重新規劃為「壽豐客家文物館」，內有許多壽豐鄉的老照片。

[05] 日本移民墓葬園區

這裡原是一處日本密教佈道場所及墓葬園區，佈道館已毀，墓葬區內仍保有「密教鎮地石碑」、「俱會一處」松林家族靈骨塔、「香月家族」與「平井氏」墓碑等遺跡，有些是從他處移來至此，全數在2010年登錄為歷史建築。旁邊有一座「廣島式菸樓」，損毀嚴重。

[06] [07] 碧蓮寺與鳥居

碧蓮寺前身為「豐田神社」，原建築建於1915年，神社正前方1公里處有「鳥居」，參拜道兩側有石燈籠，大殿門前有一對「狛犬」和一座「手水舍」，殿內有日本時代留下來的藥師如來佛、不動明王等神像，戶外公園還有一座「開村三十週年記念碑」，部分建物已登錄為「歷史建築」。

人文與生態導覽地圖

[08] 台糖豐田原料區

日本移民之後一直到1970年代，甘蔗始終是豐田地區重要的農作物，曾經有多條輕便鐵道在豐田穿梭，方便運送甘蔗。座落在台九線西側的「台糖豐田原料區」即是甘蔗集散地，甘蔗從這裡被送往製糖廠。自從蔗糖產業沒落後，鐵道消失、交易所閒置，2011年委交民間業者開設餐廳至今。

[09] 大同戲院

民國50至60年代（1970年代），豐田地區曾有一間戲院，後來因為電視機的普及而停業，其後因豐田玉的盛產，屋主便將內部隔成小房間出租給礦工。1980年代之後，隨著豐田玉的沒落，戲院改裝成的出租房間也跟著無人聞問，但裡面的放映間仍完整保留。

[10] 豐田玉拍賣所

豐田曾因開採玉礦而熱鬧無比，中興街上座落一棟「豐田玉拍賣所」。1966至1974年是豐田玉的生產銷售全盛期，當時有荖腦山礦場及西林礦場，每年平均開採約1600噸，就業人口達5萬人以上，年平均銷售金額約新台幣50億，「台灣玉」因此揚名海內外。後來因開採不當及被進口玉取代等等因素，豐田玉的開採在1985年正式走進歷史，此拍賣所也從此被打入冷宮，成為歷史見證。

[11] 風華再現館

台11丙線14公里附近的一座「豐之田風車」讓人不易錯過，旁邊就是農會設立的「風華再現館」。這裡原本是壽豐農會的「豐坪集貨場」，1965至1980年間，壽豐鄉因推廣無籽西瓜的栽種，也成為四個西瓜集貨場之一。之後，集貨場荒廢多年，2009年才又改建為農會推廣無毒農特產品的銷售中心，遊客體驗行程也從這裡出發。

花蓮縣壽豐鄉豐田地區人文與生態導覽散步地圖

諮詢窗口
■ 牛犁社區交流協會/豐田文史館
壽豐鄉豐裡村民族路23號
楊鈞弼，03-8650243
■ 壽豐鄉農會休閒農業區
豐坪村豐坪二段五號
03-8655111

009

花蓮縣
豐濱鄉
港口村

| 敲 | 門 | 磚 |

■ 北迴歸線略北處，花蓮縣
豐濱鄉的港口村，有知名
的石梯坪風景區，也是阿
美族的世居地，在一位當
地藝術家的帶領下，試著
透過水梯田的復育，將部
落年輕人找回來，在家鄉
有尊嚴地生活。

01 秀姑巒溪
02 港口村的海邊
03 大港口部落、奚卜蘭島和遠處的靜浦部落

![社區風貌]

港口傳說

　　台灣東部是阿美族的聚居地，他們自稱為「Pangcah（邦查）」，是「人」或「族人」之意。阿美族眾多傳說中的一個說法，幾千年前，阿美族祖先從秀姑巒溪口北岸登陸，建立了「Makuta'ay」，也就是今天的「港口部落」，他們稱秀姑巒溪出海口為「Cepo'」，溪口中間的那座島就稱為「奚卜蘭」，也成為「秀姑巒溪」一名的由來。

　　今天的阿美族人在豐濱鄉港口村建立了四個部落，由南而北分別為：大港口（La'no）、港口（Makuta'ay）、石梯坪（Tidaan）、石梯灣（Molito）。1987年，東部海岸國家風景區管理處將「石梯坪」規劃為休閒遊憩區，阿美族的傳統領域被無預警收為國有土地，因此展開一場土地革命。

族人的土地革命

　　舒米如妮（Sumi Dongi），港口部落的阿美族人，年輕時跟許多族人一樣，離家到城市工作生活。1994

01 港口村有很多藝術家工作室
02 港口部落豐年祭
03 港口村的飛魚乾
04 與海天相連的石梯坪水梯田

年開始，她多次回鄉參與族人奪回石梯坪的抗爭。舒米如妮說：「小時候，這裡是阿美族的耕地，有一片片與海天相連的水梯田。」但是在抗爭中，她另一方面又看到族人因年邁而休耕，並在祖傳地上插上「售」字的牌子，讓她內心產生極大的矛盾。

2001年，舒米如妮決定留在媽媽的土地上，那塊被稱為「Tidaan」的地方，並與幾位原住民藝術家成立工作室，每週三、五大家聚會聊創作，過著沒水沒電的刻苦生活。隔年，颱風吹塌了用茅草搭建的工作室——達麓岸（Taluan），多位藝術家紛紛離去，最後只剩舒米如妮一人。

舒米如妮除了繼續做木頭創作之外，也在路邊賣起飛魚乾，但入不敷出的經濟窘境，讓她開始嘗試各種可能性。2004年，舒米如妮成立「豐濱觀光產業發展協會」，開始向公家單位申請經費，規劃部落工藝製作、傳統歌謠吟唱、劇場故事創作等學習營，希望部落年輕人可以留在家鄉自食其力。2008年她又規劃了「巴克力藍藝術村」，邀請多位原住民藝術家一起駐地創作，他們其中多位也在後來於港口村成立藝術家工作室，讓港口村成為東海岸藝術家密度最高的地方之一。

復育一步一腳印

2010年，舒米如妮又向林務局申請「花蓮豐濱港口水梯田溼地生態三生產業生根計畫」，說服村中68位地主，準備將海邊的多處休耕地，以自然生態農法進行水梯田復育工作。復育計畫的第一步，先將年久失修的水圳修復，從山區引水到水田灌溉，並依照各田區面積來分配出水孔大小，當2011年元月，水流暢通的那一刻，所有參與者都興奮地手舞足蹈，甚至流下感動的淚水，休耕一個世代的土地，終於要恢復生機了！

整地、修補田埂，是復育計畫的第二步。由於歷經二、三十年的廢耕，乾涸的田埂早已崩塌，如今要復耕，勢必得重新堆築，並且重新整地。2011年四月，先在舒米如妮的一分半田地上，以「高雄139號」種苗來試種，七月收成時，共有390公斤稻穀，比起慣行農法，只達三分之一產量，讓許多原本想參與的農民望之怯步。但舒米如妮不放棄，她請村中的資深農民、同時也是傳教士的吳明和擔任海稻米產銷班的班長，帶領其他四名班員以「米耙流（Mipaliw）」的方式，也就是漢人農業社會的「換工」，彼此互助合作，準備在6公頃的水梯田上正式種稻。

海稻米傳奇

　　隔年，海稻米產銷班接受花蓮農改場的建議，改以「台稉4號」來種植，由於它的植株較矮、生長期短，正好適合種在花東海岸有強勁海風的地方，而海風中的鹽份，也可以刺激植物逆境求生的本能，讓品種特性發揮得更好。另外，由於石梯坪的水田休耕多年，累積豐厚的黑土，富含有機質，栽種時不必過度依賴肥料，就不必擔心因氮肥過多而使穀粒變硬，完全展現「台稉4號」口感Q黏、香氣濃郁的特色。也由於石梯坪受到水氣與鹽份的影響，病蟲害較少，幾乎不用擔心稻熱病，唯一要注意的是水稻枯葉病，但在農改場的輔導下，農民以有機資材防治，讓海稻米健康又兼顧環保。

　　班長吳明和說：「我們用苦茶粕來消除金寶螺（福壽螺），用亞磷酸來對付病蟲害，讓消費者吃得健康又安全；但因為梯田面積小，很難機作，所以很多事要靠人工或半人工，包括插秧、除草、割稻等等，費工的農事讓老農很難參與我們。」吳班長說出發展有機農法所遇到的難題。

　　第一年『海稻米』每公頃收成3000公斤，比前一年試種的「高雄139號」還要多，而且一年比一年收成好，從2014年開始，也將港口村的成功經驗推廣到秀姑巒溪右岸的靜浦地區。吳班長說：「收成之後，我們先以一包60公斤的稻穀當做一分地的租金交付給地主，地主都很樂意收到健康又好吃的稻米；然後我們再將剩下的稻穀統一交由Sumi來負責行銷。」

舒米說：「海稻米第一年收成之後，因為朋友的介紹，有個『助稻團』來認養第二年的稻穀，並提供秧苗、翻土、割稻等費用，讓我們的海稻米在銷售上可以沒有壓力；但是我們仍希望未來可以不再需要外界的資助也能生存，這樣才能長長久久，並鼓勵更多年輕人留在家鄉。如果年輕人願意留在家鄉耕作，除了可以留住土地，部落的傳統文化也才能延續。所以除了種稻，我們也試圖發展其他產業，例如：生態導覽、手工藝製作、傳統農特產品的生產等等。」

多元發展創造部落生機

過去港口村的阿美族人，婦女會用稻田窪地裡長出的「輪纖草（Fahu）」來編織成各種日常用品（Sikal），例如：草蓆、被蓆、桌墊、椅墊等，功能類似月桃葉、藺草等植物。收割後的輪纖草細莖要先讓太陽晒過兩個禮拜才能使用，所以在充滿陽光的七、八月收割，然後以薯莨（Koretu）等植物做染色處理，再捻成線做編織，或是以織台織成片狀來使用。以輪纖草做成的織品，冬暖夏涼，通風排熱，清理、收納都方便，是健康又環保

01 靜浦的海稻米也採有機耕作
02 吳明和在他的田中除草
03 吳明和班長示範水圳分水
04 舒米如妮與工作室旁的水稻田

的材質，舒米將此擴大應用，設計成更多樣性的商品，希望藉此提供部落婦女的就業機會。

除了發展部落傳統產業，港口村也藉由水梯田的復育來做農村體驗與生態導覽。吳班長說：「還沒用農藥以前，我們這裡的溼地有很多青蛙、尖螺、蜻蜓等小動物，使用農藥和除草劑之後，這些都不見了，這幾年因為使用自然生態農法復育水梯田，這些生物慢慢回來，我們藉由帶領遊客觀察水圳裡的豐富生態來認識這片土地。」

回到家鄉尋找生機的舒米如妮說：「雖然做了這麼多，我最愛的還是藝術創作。」除了在自己的工作室繼續「玩木頭」之外，她也在石梯坪每年舉辦為期15天的國際藝術節，邀請國內外藝術家駐村創作，讓在地藝術家有了交流的機會。舒米如妮說：「復育水梯田是希望復育人看待土地的心，藝術創作是為了創造心中的平衡。」儘管「復育」的路途坎坷，仍期望港口村的綠色稻田永遠與海天綿綿相連。

01 輪繖草
02 從舒米的工作室望向水梯田
03 部落婦女製作輪繖草編織品

⬢ |有|機|寶|貝|農|民|曆|

1月　2月　3月　4月　5月　**6月**　**7月**　**8月**　9月　10月　11月　12月　**全年**

「台梗4號」稻米品種適合耕種在海邊多強風與鹽分水氣的地方。

輪繖草是當地原住民部落用於傳統編織的民俗植物。

部落裡的生態環境已是農村體驗的最佳場所。

↑「台梗4號」稻米

↑ 品牌特產「海稻米」

↑ 輪繖草

↑ 水圳裡的生態豐富

由輪繖草編織而成的用品是部落的特色文創商品。

↑ 輪繖草編製品

🌾 **主要作物：**
　稻米（6～7月收）。

🌾 **次要作物：**
　輪繖草（7～8月收）。

🌾 **農特產品：**
　海稻米、輪繖草編製品。

🌾 **特殊生態：**
　青蛙、尖螺、蜻蜓、蜜蜂等。

↑ 輪繖草製作的編織品與後方以曬乾稻穗作為裝飾

🦐 人文與生態導覽地圖

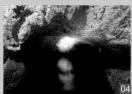

[01] [02] 石梯坪風景區

海岸山脈最後一期的火山噴發，先在海底形成凝灰岩與火山角礫岩，珊瑚生長在鬆軟的熔結凝灰岩上形成珊瑚礁，這些礁岩經過不同梯次的地殼抬升作用而形成一階階的珊瑚礁平台，再經過海蝕作用而形成各種變化多端的海蝕平台、海蝕溝、海蝕崖、壺穴等等，這樣奇特的地形在港口村的海岸綿延一公里，被稱為「石梯坪」，東部海岸國家風景區管理處於1987年將此處規劃為「休閒遊憩區」。

石梯坪有花蓮唯一的礁岩海岸林，在岩石上遍生各種海濱植物，以林投、黃槿、草海桐為最多；也有許多特別的物種，例如全世界只生長在台灣和馬來西亞的蘭嶼小鞘蕊花，台灣僅分佈在蘭嶼和石梯坪至新社一帶的岸邊；凹凸不一的珊瑚礁間也是各種潮間帶生物以及熱帶魚棲息之地，原住民常在此採集海膽、螺類、海藻等等。

這裡原是阿美族港口等部落的傳統領域，在被規劃為「石梯坪風景區」後，近年帶動當地的土地買賣熱潮，許多外來客所蓋的民宿在沿岸一棟棟拔地而起。

[03] 石梯漁港

緊鄰石梯坪北方的海灣內有一處小漁港，被稱為「石梯漁港」，在日治時期僅有小膠筏在此捕捉虱目魚，1959年2月擴建成現貌，規模雖小卻完整，以捕捉旗魚為主，已成為全國旗魚產量最高的漁港。石梯漁港附近海域也因發現鯨豚出沒而引起重視與研究，隨後成為台灣賞鯨船的發源地，台灣第一艘賞鯨船於1997年首航，便是從這裡出發。

2011年6月，因為「東部發展條例」的通過，花蓮縣政府打算興建「山海劇場」，選址之一包括石梯漁港、石梯坪等等，對港口村未來發展是正面或負面仍具爭議。

[04] [05] 月洞風景區

「月洞」位在海拔約八十公尺、距海岸約八百公尺的位置，大岩壁內有一天然山洞，高約25公尺，寬度僅供一只小船入內，洞穴全長約176公尺，有左右兩洞穴。岩石因含有碳酸鈣成分，終年被山泉水滲漏，形成石筍、石柱等鐘乳石。其內聚積山泉水成潭，深約五公尺，潭水源源不絕，清澈透涼，終年維持在攝氏20度左右，隨著月盈、月虧而漲落，故稱為「月洞」或「月井」。

月洞在當地阿美族人眼中是個聖地，象徵生命之泉，不可以任意前往，更禁止在此戲水，女人月事期間也不能前往，若有急迫的用水需求，需先經巫師作法之後才可以前去取水，否則傳說將有進無回。港口部落曾有位婦人生了皮膚病，在巫師作法之後，命小孩子前去月洞取水洗身，病竟不藥而癒，更增添了月洞的神祕性。

今天的月洞，已經歸為豐濱鄉公所財產，開放作為觀光區，有小船可以在洞內沿壁穿梭，洞穴上方可見蝙蝠，潭內有許多鱸鰻，傳說曾發現有重達十餘公斤的千年鰻。

人文與生態導覽地圖

[06] [07] 奚卜蘭與長虹橋

「奚卜蘭」即為「秀姑巒」一詞的阿美族語，其意為「在河口」，指位在溪口中間的一座小島，此島便名為「奚卜蘭島」，漢名稱為「獅球嶼」，是一座火山集塊岩構成的島嶼，清兵曾於此居高駐守，溪口出海處則是阿美族的漁場。

秀姑巒溪最長支流發源於花蓮與台東交界的中央山脈，往東奔流後遇到海岸山脈的阻隔，便在花東縱谷間往北續流，途中匯集東西岸各大小支流後，在瑞穗穿過海岸山脈往東流向太平洋，是台灣唯一切穿海岸山脈的溪流，也是台灣泛舟最興盛的溪流。

秀姑巒溪溪口左有港口村、右有靜浦村，兩岸以「長虹橋」連接，舊橋完建於1969年，長120公尺，是台灣第一座懸臂式單拱預力混凝土橋，因交通量漸增而不敷使用，已規劃為行人專用道，並於2002年另建新橋，橋長185 公尺，有搶眼的紅色圓拱造型，兩橋已成為泛舟客抵達終點的標記。

為讓遊客了解秀姑巒溪口生態與部落文化，「東部海岸國家風景區管理處」於2011年將閒置的靜浦民宿建築擴建為「奚卜蘭遊客中心」。

花蓮縣豐濱鄉港口村人文與生態導覽散步地圖

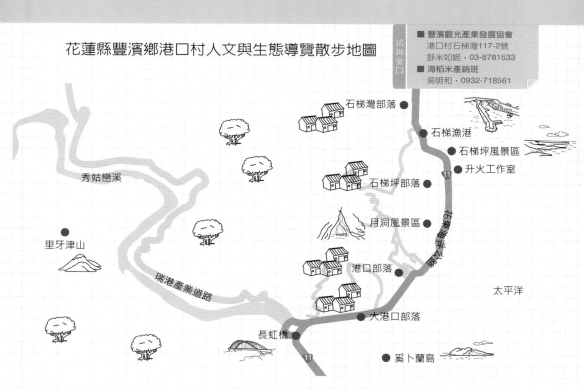

諮詢窗口

■ 豐濱觀光產業發展協會
　港口村石梯灣117-2號
　舒米如妮，03-8781533
■ 海稻米產銷班
　吳明和，0932-718561

石梯灣部落

石梯漁港

石梯坪風景區

升火工作室

11

石梯坪部落

秀姑巒溪

月洞風景區

花東海岸公路

里牙津山

港口部落

瑞港產業道路

太平洋

大港口部落

長虹橋

11

奚卜蘭島

010
Hualien

花蓮縣
瑞穗鄉
舞鶴與
迦納納

|敲|門|磚|

■ 花蓮瑞穗的舞鶴村，早期
以「天鶴茶」聞名，近年
開始推動有機農業，進而
以「蜜香紅茶」著稱；同
屬舞鶴村的「迦納納」阿
美族部落，也以「有機咖
啡」闖出名號，並試圖尋
回部落的傳統精神。

01 舞鶴台地與迦納納部落
02 籃子裡的部落——迦納納

|社|區|風|貌|

阿美族祖靈地

位在秀姑巒溪與紅葉溪匯流處的舞鶴台地，是咖啡與茶葉的故鄉，近年在花蓮縣農業局的推動下，多位農民漸漸走向有機的行列，並成立「舞鶴休閒農業區」發展商業與觀光；而位在台地下方的「迦納納（kalala）」阿美族部落，也從一顆「友善對待土地」的心出發，以「綠生農法」與「樸門農法」種植多項農產品，發展部落特色。

舞鶴台地上的「掃叭石柱」見證了三千多年前阿美族的祖先在這裡定居的歷史，據「迦納納部落發展協會」理事長陳玉英（Miko）說：「我們阿美族稱石柱為『Satuku』，石柱所在地就稱為『Satukuay』，『Sapat』指的是另一處日本人安置警報器的地方，也就是現在舞鶴國小一帶。我們的族先後來因為人口越來越多，就從Satukuay遷居到東北側的一處獨立平台叫做『Nalacolan』，但因為取水不便及人口越來越多，又遷到現在的Kalala。」在阿美族語中，「Kalala」意指「籃子」，因為地形是一個群山環繞的盆地，從台九線276公里處轉彎進去即可達。

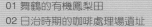

01 舞鶴的有機鳳梨田
02 日治時期的咖啡處理場遺址

舞鶴台地的農業故事

舞鶴同時也是北迴歸線經過的地方，日治時期，「住田株式會社」看中這裡的氣候適宜，大量種植阿拉比卡（Arabica）樹種的咖啡，成爲台灣最大咖啡產地，當時種有320甲，占全台咖啡產量46％，其中又以迦納納種植最多，並設有製造廠，也因需要大批人力而造成漢人移民潮。隨著日本人的撤離，舞鶴農民開始捨棄咖啡而改種其他作物，以香茅、甘蔗、樹薯最多；到了1950至60年代，又因台鳳公司的進駐而廣植鳳梨，此時吸引彰化地區大批福佬人進駐；1970年代，因爲政府的推廣而種起茶葉，大批西部客家人也跟著進駐，從此「天鶴茶」打出名號。

「舞鶴社區發展協會」理事長黃武雄說：「舞鶴村從1997年開始配合縣政府推動有機農業，剛開始只有6戶參加，因爲上一代老農民反對，認爲有機栽種的作物不夠漂亮、產量又少，不足以維生，幾乎引起兩代之間的家庭革命。」後來因爲有機作物漸漸獲得市場的認同，到了今天已有30多戶拿到有機認證，作物包括：茶、咖啡、鳳梨等，面積達上百公頃，其中以鳳梨最多，大多製成鳳梨酥、果醬等加工品，有機茶也因發展出「蜜香紅茶」而打出知名度，「舞鶴咖啡」也略有成果。

最早做出「蜜香紅茶」的高肇昫說：「以前種慣行茶葉大多外銷，後來因爲國際市場的競爭，銷

路越來越差，加上舞鶴屬低海拔地區，種出的茶葉品質很難與高山茶做競爭，於是開始學習一些新技術與新觀念的課程，決定發展有機耕作，並以『大葉烏龍』製作『蜜香紅茶』來凸顯舞鶴茶的特性。」蜜香紅茶是利用「小葉綠蟬」在吸吮芽茶後，茶葉所自然散發出的特有香氣而製成，使原本在夏天滋生的害蟲反成為推動「夏茶」的小幫手。舞鶴的「蜜香紅茶」在2006年獲得世界金牌獎後而聲名大噪，高肇昫也因此在自家茶行旁開設一間「蜜香紅茶生態故事館」來介紹小葉綠蟬的故事。

01 最早做出「蜜香紅茶」的高肇昫
02 舞鶴的有機茶園

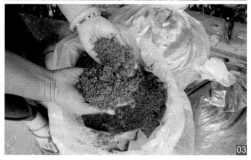

01 迦納納部落最早種回咖啡的林阿妹
02 迦納納咖啡的蜜處理
03 綠生肥種出健康好吃的食物
04 迦納納部落的咖啡曾種滿山谷
05 迦納納部落有機農業的推手陳玉英

無毒農業 Kalala咖啡

近年來因為咖啡漸漸成為國人日常飲品，尤其深受年輕一代的喜愛，舞鶴農民便將日本人離開之後被棄置一旁的咖啡樹找回來。迦納納部落最早種回咖啡的是林阿妹，她有一片一甲半的檳榔園，因為檳榔利潤越來越低，便開始思索改種其他作物。十年前，她因為看到雲林古坑咖啡的成功，想到自家菜園也有一棵日本時代留下來的咖啡樹被當做景觀樹，她便開始嘗試在檳榔樹下將咖啡老樹分枝栽種，並自己摸索如何晒製成咖啡豆。經過多次試驗後，她發現不噴灑農藥、除草劑，並用有機肥種出的咖啡豆品質最佳，便將成品寄送給多家批發商試喝，從此開發出自己的咖啡豆市場。

迦納納部落現約有九成農民都栽種有機無毒咖啡，部落協會成員更一律以「綠生農法」栽種，使用綠生菌、綠生肥（「綠生」一詞詳見〈南投仁愛鄉眉溪部落〉篇的說明），收成後並有別於一般的「水洗」處理，而採用曝晒多日的「蜜處理」，使產出的咖啡有股特別的香氣，喝起來不酸不澀，還會回甘。部落協會理事長陳玉英說：「因為每位栽種者的用心不同、管理方式不同，加上不同地理位置的土壤、氣候也不同，每個人種出來的咖啡豆都有不同的風味，所以部落協會生產的咖啡不僅以

04 05

『Kalala』作為品牌辨識，包裝上也有栽種者的名字，一方面可以建立族人的自信心，一方面也讓消費者有所依循。」

青年回鄉創利基

「籃子裡的部落——迦納納」也面臨跟許多原民部落同樣的問題：人口老化、青年外移嚴重，導致許多農地荒廢多年。陳玉英在近30歲時因厭倦城市生活而回到家鄉，開始思索如何幫助部落族人重新找回失落的文化與生機，先是成立手工藝工作室，製作並教導琉璃串珠、皮雕、陶藝等，也開始記錄部落文化與物種。

陳玉英原本有一片以慣行農法栽種的鳳梨，因為利潤不敷成本而荒廢多年，在一次機緣下，發現任其自然生長的鳳梨反而香甜不咬口，便開始思索有機耕作的價值；加上2008年的失業潮，許多部落青年回鄉，陳玉英便在貴人——顏嘉成的協助下，成立「迦納納部落發展協會」，開始申請專案補助，聘請老師到部落教導自然農法，以「友善土地」、「分享健康」的精神，以及部落傳統的「換工互助（Mipaliw）」、「分享多餘」的文化，鼓勵族人栽種無毒作物，並努力尋找市場，現已到供不應求的狀況。

「SRI」稻作栽培體系

迦納納部落也種有兩甲多的有機稻米，部落發展協會總幹事——黃正宏（Harosang）更以「SRI」技術來育苗。何謂「SRI」（System of Rice Intensification）？黃正宏這位來自台東成功阿美族的女婿說：「就是用一株秧苗來使它自然分株，種植時要注意與四周秧苗保持等距，並在自然分株之前控制好水位，不蓋過根部，讓秧苗為了生存而自然產出抗體並自動分株，這樣種出的稻穗比一般要高、要豐收。」原本是做協會行政工作的黃正宏，因為沒有務農經驗而很難說服老農採用有機耕作，所以他就以實驗的精神來種有機，將來才好把技術傳授下去。他也用「SRI」技術來種其他作物，例如：茭白筍，加上綠生農法，種出的茭白筍「甜得像甘蔗」一樣，他這麼說。

「SRI」（System of Rice Intensification）在台灣

台灣自2010年開始在台南後壁區進行「強化稻作栽培體系」（System of Rice Intensification, SRI）的推動。誠如台灣SRI研究群張煜權所言：「希望回歸到水、土壤及作物的合理利用，以低投入高產出的觀點與大自然和諧相處，使農民能從事友善環境的耕作方式。」除了水稻技術，也有其他國家運用在其他農作物強化體系。目前已有約五十個國家有實施SRI的經驗，台灣為其中之一。

↑迦納納的有機稻田以SRI技術種植

（參考資料：http://taiwansri.blogspot.tw/）

01 陳玉英的鳳梨園啓動部落生機
02 黃正宏以綠生農法種出的茭白筍甜得
　　像甘蔗一樣
03 正專心烘焙咖啡豆的黃正宏

　　黃正宏說：「種有機不難，難的是有機的心。」陳玉英也說：「自從改用無毒農法後，多年未見的螢火蟲又回來了。」雖然迦納納協會所推動的「綠生農法」並未完全獲得部落的認同，但見到族人漸漸捨棄慣行農法，不噴灑農藥、除草劑，甚至改用有機肥，同樣讓協會幹部感到安慰，現在最重要的是繼續推動部落產業，把流浪在外的族人漸漸找回來。

🌽 |有|機|寶|貝|農|民|曆

1月	2月	**3月**	**4月**	**5月**	**6月**	**7月**	**8月**	**9月**	10月	11月	**12月**	全年

咖啡

鳳梨　　稻米

文旦

茶葉

3～9月：日治時代日商「住田株式會社」即在此廣植咖啡，戰後一度沒落，近年因為喝咖啡的風潮，加上有機種植以及加工處理的精進，舞鶴咖啡也漸漸建立出自己的品牌。

5～9月：1950至60年代，因台鳳公司的進駐而廣植鳳梨，近年則因有機農法找回土鳳梨的第二春。

稻米：迦納納以「SRI」技術來作水稻育苗，所謂「SRI」就是用一株秧苗來使它自然分株，種植的距離與水位都有一定的控制，種出的稻穗比一般要高，收成也更好。

舞鶴地區早期以「天鶴茶」聞名，近年「蜜香紅茶」則是主力。

↑茶樹

↑成熟的有機咖啡豆

↑即將要採收的土鳳梨

↑迦納納的有機水稻田

↑迦納納的文旦

🌿 **主要作物**：
　茶（四季）、咖啡（9～3月收）、土鳳梨（5～9月收）。

🌿 **次要作物**：
　豆子（100天收）、文旦（8～9月收）、水稻（6月收、12月收）。

🌿 **農特產品**：
　柚花茶、柚香精油、柚香紅茶、土雞等。

🌿 **特殊生態**：
　鳥類、蛇類、狐狸、白鼻心、松鼠等。

↑紅豆苗、綠豆苗、黃豆苗

人文與生態導覽地圖

[01] 掃叭石柱

佇立在舞鶴台地上的掃叭石柱共有兩根，分別高5.75公尺、重9.5公噸，與3.99公尺、7.5公噸，據考證距今都有三千年以上的歷史，是阿美族的聖地，也是台灣最大的石柱遺跡，已被指定為三級古蹟。

[02] 北迴歸線紀念碑

台灣的花蓮與嘉義縣都有北迴歸線通過，各自立碑為證，每年夏至正午有「立竿不見影」之天文景象。這座位在瑞穗舞鶴村的「北迴歸線紀念碑」，建於1933年，是日治時代以「鶴」形象所設計。

[03] 水土保持戶外教室

是一座「有機」的自然生態園區，占地約20公頃，是地主林阿烈先生所捐贈，由水土保持局第六工程所維護管理，作為休憩與環境教育之用，園區內有豐富的生態。

[04] 瑞穗牧場

這裡在民國50至70年代，原是一大片私人農園，主人因不堪每次颱風過後的農產損失，遂於民國74年（1985年）起改為牧場，放養乳牛並生產乳製品，現在也發展成觀光牧場，免費入園參觀。

花蓮縣瑞穗鄉舞鶴村人文與生態導覽散步地圖

諮詢窗口
■ 舞鶴休閒農業區發展協會
　黃武雄，0911-871453
■ 迦納納部落發展協會
　陳玉英，0919-906621

瑞穗牧場

掃叭石柱

北回歸線地標

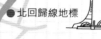

舞鶴國小

蜜香紅茶生態故事館

加納納部落

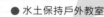
水土保持戶外教室

紅葉溪

秀姑巒溪

011

花蓮縣
富里鄉
達蘭埠部落

| 敲 | 門 | 磚 |

■ 位在海岸山脈西側的六十
石山，以金針花蕾作為重
要經濟作物，這裡的阿美
族部落——達蘭埠，為免
除慣行農法與硫磺燻色對
健康的危害，種植了將近
20公頃的有機金針，讓
「黑暗部落」大放光明。

六十石山金針花盛況（達蘭埠協會提供）

01 位在六十石山山腳下的達蘭埠部落
02 黑暗部落遊客中心（達蘭埠協會提供）
03 六十石山上的黑暗部落遊客中心

|社|區|風|貌|

移動部落達蘭埠

　　金針產地之一的「六十石山」，位在花蓮縣富里鄉竹田村，海拔800公尺，東南側山腰上有一個阿美族的舊部落——Cihara'ay（吉哈拉艾），因為長久以來沒有電力進入，被外界稱為「黑暗部落」，居民在日治時期種植菸草、地瓜、芋頭、小米、玉米等作物，1960年代之後，他們改種水稻、生薑等作物維生。

　　早期的六十石山沒有道路，Cihara'ay部落的居民靠人力沿著九岸溪（秀姑巒溪上游之一）往西到街上販售農產品。1950年代之後，漸漸有漢人到六十石山買地耕作，尤其在1959年的「八七水災」之後，許多西部雲、彰漢人移民到東部開墾，也來到了六十石山，農會輔導他們在這裡種植金針花，開啟了六十石山金針花田時代，與北邊的赤柯山成為花蓮縣內兩大金針產區。

　　後來Cihara'ay部落因為交通問題，遷居到了西邊山腳的「達蘭埠」部落（又稱「東興部落」），每年夏天的金針採收時節，達蘭埠農人便又回到舊部落Cihara'ay居住，每天採收

01 達蘭埠教會的牧師是有機產業的推手
02 六十石山的有機金針烘焙室與後方的花田
03 正在製作牛奶液肥（達蘭埠協會提供）

金針花鮮蕾，當天再以柴油、炭火烘烤成乾燥金針，火燄接連數月不間斷，等九月底、十月初，金針花季節一過，農民才又下山回到達蘭埠。

部落金針花產業的轉機

2001年，初來乍到達蘭埠服務的基督教長老教會張英妹牧師，發現一到七、八月，部落裡的青壯年輕人就突然不見，一問之下才知，金針花鮮蕾是達蘭埠的重要產業。隔年，張牧師決定跟著農民上山一看究竟，發現遊客如織的六十石山與人跡罕至的Cihara'ay部落成了鮮明對比；加上當年金針花價格跌落，中、大盤商操控嚴重，又有硫磺燻色的食安問題，讓金針花農遭受嚴重損失，於是張牧師認真思索如何改善達蘭埠族人的生活。

2003年，張英妹牧師開始推動達蘭埠的金針花農改做有機，他們接受台灣世界展望會的輔導，並引進生物技術開發中心的有機技術，以培養菌種的方式堆肥、做液肥，並以生物防治、人工拔草來取代慣行農法，後來還取得瑞穗農場原本要廢棄的「初乳」作為發酵的資材，加上炭培、原色的自然後製方式，使達蘭埠的有機金針多了一份香甜與健康。

2006年，達蘭埠族人成立「達蘭埠文化產業推廣協會」，希望將已經成熟的有機無毒金針做有機驗證，無奈一方面當時農地仍屬林務局，不符合驗證規則，一方面六十石山的土壤，天生帶有較高含量的鎘跟砷，也無法通過國內驗證；最後，他們在生物技術開發中心的建議下，直接向瑞士的有機驗證單位申請，終於在2009年正式取得「IMO國際認證」，符合有機地理環境與有機無毒作物的要求。

黑暗部落不日花

張英妹牧師說：「現在達蘭埠在六十石山跟黑暗部落的有機驗證金針面積將近20公頃，因為要靠人工拔草，所以我們發揮了阿美族傳統的『Malapaliw』換工方式來解決人力不足的問題。也由於推廣至今已經頗具成效，我們的有機金針不僅打出了『黑暗部落不日花』的品牌，也已經到了供不應求的地步。」達蘭埠文化產業推廣協會的執行長潘務本也說：「我們現在的銷售廠商已經達到14個，透過這些銷售點直接賣到消費者手上，免除盤商的價格剝削。也由於我們這裡的生態豐富，未來打算以褐樹蛙做為『綠色環保標章』，免除昂貴的有機驗證費用。」

「不日花」來自「一日不辛勤，不日即成花」一語，說明了採收金針花鮮蕾的急迫性，加上東海岸的颱風、焚風等天然災害頻繁，每年花季不是很穩定，使得金針花產業在美麗的金針花田盛況的背後，多了農民的辛酸苦水。

01 遊客體驗採收金針（達蘭埠協會提供）
02 在黑暗部落採收金針（達蘭埠協會提供）

01 烘焙香菇（達蘭埠協會提供）
02 潘務本與香菇寮
03 橫取廢棄椴木可當有機資材

椴木香菇與部落體驗

　　為了讓達蘭埠農民有更穩定的收入，協會也從2010年開始試種「椴木香菇」，將來也打算輔導部落族人發展第二產業。負責照顧香菇寮的潘務本說：「椴木多為相思木、楓香等木頭，一塊椴木可以種三年香菇，用完之後的朽木還可以當有機資材，因為裡面已經充滿各種雜菌，也讓土壤更健康。」種香菇最重要的是控制溫度與濕度，以及避免雜菌感染，所以養殖環境與灌溉水更要求乾淨，只要控管得

宜，一個月可以收成兩次，在溫度過高及細菌繁生的夏天則讓它休息。

　　位在六十石山的Cihara'ay部落由於至今仍然沒有電力，反而成了過慣文明生活，想嘗試另一種生活體驗的人所嚮往之處。協會總幹事王培恩說：「因為黑暗部落位居偏遠，土地當時沒有被漢人買走，現在反而可以發展成有機生態村。原本黑暗部落有機會架設電力，但村中年輕人為了發展生態旅遊，便決議不爭取電力進入部落。現已在

山上成立遊客中心，提供黑暗部落溯溪體驗、獵人學校課程、野菜採集、生態導覽、夜觀、原住民歌舞、住宿等活動。」原本在台北工作的王培恩，青壯年時期便回到家鄉，幫忙家裡栽種有機金針，也擔任黑暗部落的導覽員，成為年輕輩的部落中堅份子。

達蘭埠在張英妹牧師的主導下，不僅成立協會來幫助部落產業與生態旅遊，也帶動阿美族文化復興、提供老人用膳等服務，並成立「部落工班」來為社區的硬體建設賣力，再次發揮阿美族互助合作的精神，讓達蘭埠成為一個充滿活力的阿美族部落，最終希望還是促使青年返鄉就業，一起點燃黑暗部落的每一個角落，使其大放光明。

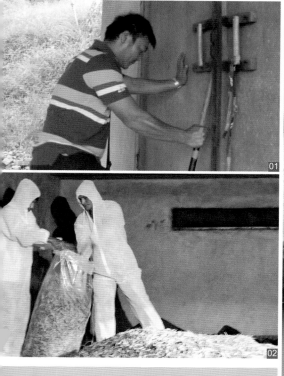

01 達蘭埠部落生態解說員王培恩
02 收集在烘焙室中的金針（達蘭埠協會提供）
03 遊客溯溪到黑暗部落（達蘭埠協會提供）

有｜機｜寶｜貝｜農｜民｜曆

1月　2月　3月　4月　**5月**　**6月**　**7月**　**8月**　**9月**　**10月**　**11月**　12月　**全年**

5～11月：有更穩定的收入，達蘭埠文化產業推廣協會也從2010年開始試種「椴木香菇」，未來計畫發展為部落的第二產業。

7～9月：1959年的「八七水災」之後，許多西部雲、彰漢人移民到六十石山，農會輔導他們在這裡種植金針花，開啟了六十石山金針花田時代，與北邊的赤柯山成為花蓮縣內兩大金針產區。

乾燥金針花與金針紅茶是部落的農特產品

金針花的延伸農特產品「金針香菇醬」

↑香菇（達蘭埠協會提供）

↑六十石山名產——金針（達蘭埠協會提供）

↑金針香菇拌醬

↑乾燥金針與金針紅茶

◉ 主要作物：
　　金針花（7～9月）。

◉ 次要作物：
　　香菇（11～5月）。

◉ 農特產品：
　　乾燥金針花、乾燥香菇、金針香菇醬、金針紅茶。

◉ 特殊生態：
　　褐樹蛙、領角鴞、螢火蟲。

↑椴木香菇（達蘭埠協會提供）

人文與生態導覽地圖

[01] 六十石山

位在花蓮縣富里鄉竹田村的六十石山，約有300公傾金針花田，是1960年代之後，當地農民受農會輔導所種植，每年七、八、九月的金針花季節，不僅是農民最忙的時候，也是遊客如織的時節，所以這裡有幾十公頃的金針花保留讓其開花，讓遊客拍照。達蘭埠農民也有一部分花田位在開花區，由於四周都是採慣行農法而不利於栽種有機金針，故一起加入觀賞花田行列。

「六十石」的「石」字音「且」，是容量單位，據說名稱源自日治時期，因為一般水田每甲地可以收成四、五十石稻穀，但這一帶的稻田卻可以收成60石，因而被稱為「六十石山」。

[02] 黑暗部落展售中心

位在六十石山觀光區的「黑暗部落展售中心」，由部落工班所搭建，是達蘭埠與世界展望會合作的第一步。裡面除提供農產品的展售之外，也提供進入黑暗部落的旅遊服務，成為位在黑暗部落外的一扇對外窗口。

[03] 黑暗部落（圖片由達蘭埠協會提供）

位在六十石山東南側山腰上的Cihara'ay部落，原意是「很多魚吸附在溪中石頭的地方」，居民來自Olalip（鶴岡）部落與達蘭埠（東興）部落，是阿美族建立的小型部落，因為直到現在，那裡仍沒有電，於是被稱為「黑暗部落」。

2008年，為解決六十石山上民宿業者的用水問題，已經架設電線桿到了部落門口，但部落青年希望保留這裡不被文明汙染的環境，決議不爭取電線進入部落，讓黑暗部落得以充分發揮生態村的特色。

花蓮縣富里鄉六十石山人文與生態導覽散步地圖

諮詢窗口

■ 達蘭埠教會
新興村東興16鄰109號
張英妹 牧師，03-8821089

■ 達蘭埠文化農業產業推廣協會
潘務本，0912-935983

有機金針

達蘭埠

六十石山風景區

六十石山入口

達蘭埠農產展售中心

黑暗部落有機金針

012

Hualien

花蓮縣
富里鄉
羅山村

|敲|門|磚|

■ 位在花東縱谷內的羅山村，以其三面環山的獨立地理特性，以及使用來自海岸山脈的螺仔溪為獨立水源，使花蓮縣政府看中其為發展有機村的有利條件，輔導成為台灣第一座有機示範村。

01 02

01 螺仔溪與跨溪拱橋
02 俯瞰羅山村，背景是中央山脈

| 社 | 區 | 風 | 貌 |

輝煌年代聚移民

　　花蓮縣最南端的富里鄉，位在花東縱谷處，東有海岸山脈，西與中央山脈接壤，南為台東池上鄉，北為花蓮玉里鎮，是個農產富饒之地，以稻米、金針、香菇為最大宗；其中，羅山村位在富里鄉中段，東邊有海岸山脈，南邊有螺仔溪貫穿，北邊有九岸溪與竹田村為界，西邊則以秀姑巒溪為界，形成一個天然的獨立地形，難怪被選為全國第一座有機示範村。

　　羅山昔日以「螺仔坑」為地名，貫穿全村的溪流就名「螺仔溪」。羅山村等富里鄉一帶，清同治年間有來自屏東的西拉雅平埔族人在這裡生活，清光緒年間開始有福佬人移入，到了日治時期，因為花東地區種植甘蔗，需要大量人力，於是吸引更多台灣西部移民；其中，聚居在羅山村等地以來自桃竹苗地區的客家人最多，使得今日的羅山村居民閩客大約各占一半，另有少數原住民。

　　國民政府初期，山坡地除了繼續日治時期的甘蔗製糖業之外，也開始大量種植樹薯，以製做太白粉，村內至今還留有澱粉製造廠遺址，部分地區也種植香茅，這些都是當時台灣許多農村的重要產業。民國50

年代，村內的羅山國小學生人數曾經高達200多人，是羅山村的人口鼎盛期，之後農村產業萎縮，人口逐漸外流，最後一屆羅山國小只剩20多人，民國85年（1996年）終於廢校。

有機耕作創新機

2001年，花蓮縣政府與花蓮農業改良場想找一個有機村示範點，看中羅山村的天然獨立地形與水源，便與富里鄉農會合作，說服羅山米農。時任羅山稻米產銷班班長的謝開仁，也是現任羅山村村長的他，擁有五、六甲水田，過去曾使用農藥多年，聽到種水稻也可以不必施灑農藥，還有更優惠的收購價

格，不僅對自己身體好，也保障了農民的收入，便答應與農會合作，成為第一任「有機米第四產銷班」班長。班員在農改場的輔導下，以有機肥料代替化學肥料，以苦楝油、辣椒水等作為除蟲劑，以人工砍草方式取代傷害土地的除草劑，以孤草桿菌來防治稻熱病及蟲害。

2004年，第四產銷班新任班長——溫秀春，早在農會說服羅山村農民建立有機村之前五年，就與某知名有機米品牌的老闆賴兆炫先生合作種植有機米，已經累積多年經驗。在溫班長的帶領下，羅山農民不僅更熟悉有機農法，還到台灣各地取經，隔年曾在農委會的有機米

考評當中榮獲甲等，從此爲羅山有機米打出知名度。

　　從小就務農到老的溫秀春說：「剛開始種有機稻米時，因爲當時台灣的有機肥料不多，我們先是用未發酵的生肥來下肥，第一年稻子還沒收成就倒了一大半，後來慢慢減量、慢慢摸索，也改用發酵過的熟肥，才終於讓產量穩定下來，加上實施有機種植幾年之後讓生態平

01 謝村長家前面的有機稻田
02 溫秀春除草時有孫子作伴
03 羅山村的有機稻田與浮圳
04 溫秀春的有機稻

01 廖鴻浴班長正在除雜草
02 廖鴻浴班長的有機稻田
03 年輕農夫鄧起憲與他的有機稻田
04 羅山有機村處處美景

衡，病蟲害減少，利潤才終於追上慣行米。」

青年返鄉繼家業

現任第四產銷班班長——廖鴻浴，在羅山村有兩公頃多的稻田。原本在台灣西部從事水電工程的他，十年前因為父親年邁而回鄉耕田，問他為什麼不直接選擇休耕，他說：「因為捨不得放下水田。」所以放棄原本有較高收入的工作，回到他從小生長的地方，也因為從事有機耕作，小時候在田裡和圳溝裡看到的蛙類、鱔魚、泥鰍等都回來了，讓他很欣慰。

廖班長說：「這裡的土壤來自海岸山脈，具有黏性，跟池上東部地區一樣，加上氣候也很像，過去池上米就曾採用富里的米來充當。現在第四產銷班採用高雄139品種，口感較黏、較Q；加上螺仔溪上游有麥飯石，使過濾後的水質更清澈，種出來的稻米也更香甜美味。」

1980年生的鄧起憲，算是羅山村很年輕的農夫，還沒結婚的他，也曾當過有機米第四產銷班班長。鄧起憲退伍之後曾做過半年的大貨車助手，全台灣到處跑，但日夜顛倒的工作讓他覺得對身體很不好，加上父母生病，他便在十多年前就回鄉耕作。當初說要種植有機米，他一口就答應，因為曾經看過老人

家噴灑農藥之後在田裡昏倒，他便對農藥很反感，他說即使村裡不實踐「有機村」，自己也會採用有機耕作。

過去沒有務農經驗的鄧起憲，除了接受農改場的有機輔導之外，也跟老人家學習很多，何時該放水、何時該晒田、何時該下肥，這些都是老人家的經驗；加上他的秧苗來自姊夫的育苗場，在育苗時就以孤草桿菌來增加稻苗防治力，所以之後種在田裡也沒什麼病蟲害。他說：「溫溼的氣候會讓病蟲害更加嚴重，所以二期稻作通常產量會較少；另外，肥力管理也會影響產量，所以每個農夫的利潤不盡相同。有些農夫在病蟲害嚴重時，會興起使用農藥的念頭，但對我們羅山村來說，種有機稻作是良心事業，所以我們班長都會嚴格監督。」

富里鄉羅山村有機米第四產銷班在歷任班長與班員的努力下，曾在2009年榮獲「全國十大績優農業產銷班」的殊榮，不僅配合農會促成羅山有機村，也讓其他米商找上羅山村契種有機米，讓全村有機稻米面積共達70多公頃。第一任班長

04

謝開元說：「只要是來自螺仔溪的水源，全部都採用有機耕作，只有少部分採另一水源的農田才不是有機。」他所指的「另一水源」就是北邊的九岸溪。

有機耕作風行羅山

羅山村除了有機米之外，還有果樹也是採有機耕作，1938年生的陳火木是「有機果樹產銷班」班長。他說：「早在縣政府與農會到羅山推廣有機村的前兩、三年，我就開始種有機了，因為農藥對身體很不好。」現在他的果園除了一部分給兒子種檳榔之外，自己也種植兩甲愛玉，位在海拔400～500公尺的山坡上，可以看到整個羅山村，

是村內唯一的愛玉園，許多讓遊客做「洗愛玉」體驗的農家都是跟他購買；另有一片有機梅子園則位在豐南村。

陳班長說：「1990年代，羅山一帶種了很多梅子、李子，後來被颱風一一吹倒，所以現在很多果園都廢棄了，但只要有種植的，都是有機耕作。」當花蓮縣政府農業局開始在羅山村推廣有機時，陳班長還曾在會議中跟大家勸說：「羅山村三面環山，又有獨立水源，是很難得的天然環境，應該發展有機村。」自己的果園也在農改場的輔導下，於2002年開始進行有機認證。

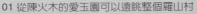

01 從陳火木的愛玉園可以遠眺整個羅山村
02 愛玉果
03 愛玉是爬藤類植物

陳火木班長的果園以「草生栽培法」種植，利用果樹本身的樹葉敷蓋土壤，使陽光不直接照射，一方面涵養水份，一方面也讓樹葉腐爛成為肥料，以培養地力，種出來的果子會更漂亮。他說：「種有機果樹一開始的前兩年，蟲害比較嚴重，但經過生態平衡後，蟲害問題減少了，加上有機價位較高，所以利潤比慣行要好。」最大問題是山區獼猴、松鼠等動物很多，雖然圍了軟網，但過了一兩年之後，猴子還是會爬進果園破壞作物，這點讓他很頭痛。

有機生態教育園區

羅山村在官方的推動下成為有機農業示範村之後，許多資源也跟著進來，讓羅山村逐漸脫離沒落農村的陰霾。也曾經是「羅山社區發展協會」總幹事的溫秀春回憶說：「當時有位嫁到石牌村的羅山人在村內成立一處『螺溪文史工作室』，我們都一起去做生態與文史調查，留下很多資料。最初的工作站設在土角厝，後來改在生態驛站，現在已經撤走了。」

除了對羅山村進行田野調查之外，水保局等單位也陸續到羅山村改善村內環境，做了不少硬體設施，並把村內的電線桿全部地下化；甚至「花東縱谷國家風景區管理處」也在羅山成立遊客中心，還將已廢校的羅山國小整治為露營區。2012年，縱管處將羅山國小營區歸還給竹東國小管理，竹東國小因為人力不足，又交給「羅山社區發展協會」代管，從此羅山露營區轉型為「羅山有機生態教育園區」，協會辦公室也在這裡借用，並成立羅山村農產品展售中心。

接任協會理事長才兩年的冷孟臻說：「過去協會做的多是社區內的硬體建設工作，以及輔導居民做民宿與農村體驗，接下來我們要推動軟體建設，例如：傳統技藝的傳承、兒童閱讀教育等工作，並且讓羅山有機村不只在生產方面很有機，也要在生態、生活方面很有機。所以我們也開始進行生態導覽員的培訓，希望遊客來到這裡，不只是在營區或農家過一夜、做做DIY，而是能夠認識這裡的生態環境，看看羅山村的文化資產，做深度的低碳旅遊。」

冷理事長原是花蓮市人，2008年與先生張慕桓來羅山村玩，從此愛上這裡，隔年便舉家搬到這裡來，將一間老舊房舍整理成住家兼民宿、餐廳，還在村裡租了一塊4分水田種有機米。先生張慕桓是基隆人，也是現任協會執行長，因為從小就在基隆海邊長大，對自然生態有很大的關注與研究，到了羅山村之後，他也開始認識這裡的動植物，現在也是協會的生態導覽講師。

　　張執行長說：「羅山村的生態資源很豐富，希望當地居民也都能對這裡的生態有更多了解，並且產生連結，這樣才會更加愛惜這裡的環境，避免有電魚之類的事發生；也幸好當地農民仍純樸，對於經常侵擾他們作物的動物不太會去傷害，例如：獼猴、松鼠、山羌、花嘴鴨等，最多就是用圍網、稻草人、放鞭炮等方式去嚇阻。」

　　台灣第一座以「有機」為名的農村在花蓮的富里鄉實現，以其成功經驗引領了其他農村的有機風潮，讓許多原本因農業沒落而黯淡無光的農村，逐漸找到了新契機，有些專事於有機生產，有些在生產之餘也為遊客做導覽與體驗，不僅活絡了農村氣息，也豐富了有機生活。若來到羅山，你將被這裡的環境所吸引，乾淨的農村、層疊的遠山、翠綠的稻田，以及晚上的蛙蟲合鳴，整個讓人神清氣爽，羅山有機村正是實踐「三生價值」最佳也是最美的範例。

01 羅山瀑布與大魚池
02 遊客體驗製作泥火山豆腐
03 羅山沼澤區的植物生長在泥濘之中

有｜機｜寶｜貝｜農｜民｜曆

| 1月 | 2月 | 3月 | 4月 | 5月 | 6月 | 7月 | 8月 | 9月 | 10月 | 11月 | 12月 | 全年 |

柑桔

2～7月：班員在農改場的輔導下，以有機肥料代替化學肥料，以苦楝油、辣椒水等作為除蟲劑，以人工砍草方式取代傷害土地的除草劑，以孤草桿菌來防治稻熱病及蟲害。

桂竹

花蓮富里以稻米、金針、香菇為最大宗，其中金針花在羅山村也是有機耕種的作物。

8～11月：來自螺仔溪水源灌溉下的稻田，全部都採用有機耕作。

愛玉子：遊客到此也能體驗「洗愛玉」

文旦柚

黃豆

有機客家梅干菜、蘿蔔干、福菜、桔醬等農特產品。

↑羅山村的稻米

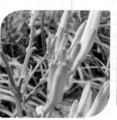
↑低海拔金針

↑羅山有機稻

↑尚未成熟的文旦柚

↑彭佳嶼飄拂草

↑尚未成熟的愛玉果

↑福菜、蘿蔔干、桔醬等農特產品

📛 **主要作物：**
稻米（2～7月收、8～11月收，12～1月種油菜花當綠肥）。

📛 **次要作物：**
愛玉子（8～9月收）、梅子（3～4月收）、柑桔（1～2月收）、桂竹（4～5月收）、檳榔（8～9月收）、金針花（5～6月收）、文旦柚（9～10月收）、黃豆（全年）。

📛 **農特產品：**
泥火山豆腐、有機愛玉凍、有機蓮花茶、客家炒米香、有機味噌、有機客家梅干菜、蘿蔔干、福菜、桔醬。

📛 **特殊生態：**
崑蕨（保育類植物）、彭佳嶼飄拂草、多青菊、尖尾螺（泥火山附近）、菊池氏細鯽（東部特有種，稀有魚類）、竹雞、五色鳥、貓頭鷹、小雨蛙、蟾蜍、松鼠、獼猴、山羌、花嘴鴨、白腹秧雞。

↑崑蕨

人文與生態導覽地圖

[01] 羅山有機生態教育園區

位在羅山村入口不遠處的「羅山有機生態教育園區」，原是羅山國小用地，1946年左右由一位蕭姓村民捐地興學，並由當地村民合力整地與建造校舍，親手搬運石頭、磚塊，以及植栽，才有今天美麗的校園。羅山國小隨著村內人口的流失而減少學生人數，先於1989年改為東竹國小分校，又於1996年廢校，後來為了推廣有機村，「花東縱谷國家風景區管理處」認養此處，將其整治為「羅山露營區」，興建木棧板等設施，並開放各界免費使用。

然而，在缺乏管理之下，美麗營區卻經常遭到使用者破壞，甚至深夜在寂靜的羅山村內唱卡拉OK、放鞭炮等舉動，嚴重困擾村民。2012年7月，羅山露營區歸還給東竹國小管理，但學校人力與資源有限，於是又在當年12月，交由「羅山社區發展協會」經營管理，除了整治環境、繼續提供露營之外，也在這裡成立羅山村農產品展售中心；也由於協會開始經營羅山村的生態導覽業務，所以這裡也成為「有機生態教育園區」，期望藉由妥善管理與經營，讓來到羅山村的遊客以珍惜村內生態環境的心情，認識這個美麗的有機村。

[02] 羅山土角厝

位在羅山村莊內的一間百年土角厝，以黏土與米糠做成土磚，再以糯米漿當做黏著劑堆砌而成，牆面並以石灰粉刷，據說居住起來冬暖夏涼，是果樹班班長陳火木家族的房舍。廢棄多年之後，民國90年代（2000年代），曾作為「螺溪文史工作室」的辦公用地，現在牆面已成為土蜂的下卵處。

[03] 羅山瀑布

菲律賓板塊受到歐亞板塊的擠壓，造成了台灣東部的海岸山脈，此造山運動形成一片巨大的斷層崖，山上的大小溪流匯聚之後，在羅山村內飛瀉而下，形成一條長達120公尺的「羅山瀑布」，再往下聚流就成了流竄羅山村的「螺仔溪」，提供羅山地區的灌溉與民生用水，此溪再匯入秀姑巒溪，往東北奔流而入大海。

羅山瀑布共分兩層，上層約100公尺，下層約20公尺，大雨過後，瀑布十分壯觀，還沒抵達停車場就清晰可見。1991年起，水土保持局第六工程所、花蓮縣政府、富里鄉公所等單位，逐年執行羅山瀑布風景區的公共建設，除了停車場之外，還有木棧道、觀景台、鋼拱橋等設施，讓遊客就近體驗飛瀑奔溪的清涼快意。

[04] 羅山大魚池

在羅山瀑布下方之南不遠處，有一片廣達一公頃的大魚池，當地人稱為「大埤塘」，是羅山村民的灌溉用水之一。大魚池所在原是一片沼澤，地底有從斷層裂縫滔滔湧出的泉水，日治時期，村民將沼澤四周圍堵起來，再從羅山瀑布開圳引水入池，形成這座大埤塘，再開一小口流入渠道，灌溉整片羅山村水田。後來，附近居民合資在池內養魚以添補家計，便成為「羅山大魚池」。

羅山瀑布風景區成立時，大魚池也同樣被整治成觀光景點之一，池上設有曲橋、涼亭，池邊設有步道並植栽，彷如羅山村的後花園。村民偶爾來此垂釣、賞鳥，夏秋之際還會見到池中的菱角隱約現形；某處還會見到有泡泡不斷冒出水面，這就是湧泉從地表斷層裂縫湧出之處。

人文與生態導覽地圖

[05] [06] 羅山泥火山

羅山大魚池附近有罕見的「泥火山」，這是因為此處位在斷層縫隙，地底下又有油氣儲存層，以及地質上層為泥岩，加上豐富的地下水，使得地底的天然氣從縫隙噴出，將地下水與泥岩層的泥土一起送上地表，形成這裡到處可見的小型「泥火山口」。泥火山噴出的泥漿含有鹽類物質，淺嚐泥水帶有一點鹹味，因此當地人稱此處為「鹽坪」。也因為泥漿呈弱鹼性，缺乏腐植質，透水性又不佳，使得附近無法生長一般植物，只能見到原本生長於海邊的喜鹽性植物，例如：彭佳嶼飄拂草、冬青菊、鋪地黍、三蕊溝繁縷、鹵蕨等，以及稀有的尖尾螺，也會在羅山泥火山附近發現；其中，鹵（ㄔㄤˋ）蕨更是羅山泥火山的指標性厥類，已被列為保育類植物，鹵蕨聚集處已成立「鹵蕨生態區」。

此外，由於泥火山水具有可作為凝固劑的礦物質，據說日治時期當地居民就曾用泥火山水過濾之後做成豆腐，後來因為一般豆腐的買賣普遍，才漸漸失去這項傳統工法。近年由於羅山村推廣生態旅遊與農村體驗，老一輩的羅山村民從記憶中挖掘出這項幾乎失傳的特殊豆腐製法，配合當地種植的非基因改造有機黃豆，做成超人氣的「泥火山豆腐」，據說此豆腐比一般豆腐更具有彈性，光是沾醬油膏就十分美味。

[07] 富里鄉農會農特產品展售中心

與羅山有機村的成立有密切關係的富里鄉農會，也在台九線路邊成立「農特產品展售中心」，除展售富里鄉的各種農特產品之外，二樓也可以吃到用富里鄉的米做成的便當。另外，旁邊的農會輾米廠也提供參觀，其內包含碾製羅山有機米的各項設備，為了防止有機米與一般慣行米的交互汙染，碾製、烘乾等作業都是分機完成。

花蓮縣富里鄉羅山村人文與生態導覽散步地圖

諮詢窗口
■ 羅山社區發展協會
冷孟臻、張慕桓，03-8821189
■ 羅山村長
謝開仁，03-8821329

往玉里
富里農會
農特產銷售中心
九岸溪
羅山村入口
遊客中心
土角厝
羅山有機
生態教育園區
9
有機水田
泥火山
往富里
大魚池
生態驛站
鹵蕨生態區
羅山瀑布
螺仔溪

花蓮縣
富里鄉
豐南村

| 敲 | 門 | 磚 |

■ 橫越海岸山脈的「富東公
路」上，在花蓮縣富里段
一路稻田飄香，來到最深
處的豐南村，這裡是阿美
族的「吉拉米代」，居民
夢想著實現自給自足、有
機與生態兼具的「里山」
生活型態。

01 吉哈拉艾部落
02 鱉溪的捕魚人

|社|區|風|貌|

富東公路上的桃花源

位於海岸山脈西側，富東公路（台23線）上的一處美麗部落——吉拉米代，隸屬於花蓮縣富里鄉豐南村，是花蓮縣最南的村落，也是富里鄉面積最大者，村內有海岸山脈最高峰——麻荖漏山（新港山），標高1682公尺，一條鱉溪從這裡流下，貫串豐南村，途中匯入了石厝溝溪等支流，一起往西北流入秀姑巒溪。

石厝溝溪沿岸稱為「石厝溝」，這裡有一個阿美族聚落，稱為「吉哈拉艾」，是「吉拉米代」中的一個小聚落。「吉拉米代」在阿美族語中是指「有大樹根的地方」，全村居民有三分之二為阿美族，三分之一為漢族；而「吉哈拉艾」中的「哈拉」指的是溪中的一種魚類，漢名為「台東間爬岩鰍」，又名「日本禿頭鯊」，綽號「和尚魚」，所以「吉哈拉艾」就是「有哈拉的地方」。「哈拉」是一種洄游性魚類，喜好生活在乾淨水域，所以也成了水質純淨與否的指標。

百年圳道與水梯田

百多年前，漢人把「稻米」這種作物帶進吉拉米代，他們在河階地種起水稻；日治時期，吉哈拉艾地區也開始修築圳道引石厝溝溪的水來灌溉梯田。第一條水圳——石門圳於1926年興建，之後隨著居民的沿山開發，成為擁有六條總長約4100公尺的水圳，與15公頃的水梯田，這樣壯觀且完整保留至今的人文景觀，在東部地區十分罕見，於是2012年，在花蓮縣文化局與東華大學的合作下，與社區居民取得共識，將吉哈拉艾百年圳道與水梯田登錄為「文化景觀」，社區並成立「吉哈拉艾文化景觀管理委員會」，從此文化與生態成為豐南村的未來發展方向。

「豐南社區發展協會」理事長——王晉英是漢人，他於1994年接任總幹事、2010年接任理事長之後，就一直為豐南社區服務，他在吉拉米代開了一間雜貨店，居民缺菸、缺酒、缺生活用品，幾乎都來找他，甚至一通電話，他得空就送過去，就連老人日托、自來水管理等社區服務也少不了他，對於從沒離開過的家鄉，有著很深的情感。

01

01 吉哈拉艾梯田與圳道
02 鱉溪與暱稱為「小天祥」的峽谷
03 位於吉拉米代聚落與吉哈拉艾部落之間
　　的石門小山洞

王晉英說：「豐南村約從民國89年（2000年）以來，就陸續跟米商契作種植有機米，現在全村一半以上都是經過認證的有機田。但是契作使用的有機農法對金寶螺的防治都是使用苦茶粕，雖然對作物與人體沒有危害，但對生態的破壞仍然不小，因為它同時也殺害了蚯蚓、泥鰍、青蛙等生物。2010年，社區因為申請多元就業方案，當時的輔導員——顏嘉成引進『綠生農法』，給了社區生態的觀念，我們便開始在吉哈拉艾最上面的一甲梯田試驗用益生菌去改良土壤，對於頭痛的金寶螺則是用手去撿，幾年下來，失去的生態已漸漸恢復，我們希望連溪裡的『哈拉』也可以重現榮景，因為這些都是我們小時候的記憶，這樣的人生才多采多姿。」

嘗試生態自然農法

「吉哈拉艾文化景觀」登錄後，文化局也提撥經費整治古圳道，希望將已經水泥化和膠管化的部分恢復為以前的工法；而林務局也在這裡實施「水梯田溼地生態保存及復育計畫」，補貼經費協助吉哈拉艾的生態自然田可以持續下去。王晉英說：「生態自然農法很辛苦，至目前為止，產量只有慣行的一半，也比一般契作的有機米產量要少很多，所以我們的生態有機米價格也高，市場反應我們還在測

01

試，如果情況不理想，要鼓勵豐南村農民改用生態自然農法，恐怕也是有困難。」

　　阿美族的宋雅各是社區的生態導覽員，也是種植吉哈拉艾生態自然田的農夫之一，他也種過契作有機田，因為田區位在最上方，就配合社區試種生態米。他說：「種生態米很辛苦，夏天晚上還要戴頭燈去撿金寶螺，順便看看有什麼蟲害，因為白天太熱了！」

　　綠生農法所使用的綠生菌因為價格較高，吉哈拉艾的生態自然田也嘗試使用農業廢材去堆肥，甚至使用過期奶粉來製作液肥，以減輕農民的負擔；蟲害方面，則對不同蟲害使用不同的植物油來對付，最常用的是苦楝油，這些方法經由花蓮農改場、牛犁社區交流協會等單位來教授給吉拉米代的農民，讓他們慢慢找出最適合自己的方法。

農事體驗與有機生態導覽

　　吉拉米代除了在河階地種植有機稻米之外，山上的梅子、劍筍等等也以自然農法栽種，對當地農民來說，它們是最「有機」的作物，因為平常就是任其生長，時間到了就去採收，根本無需所謂的「田間管理」。他們也利用廢棄的「四維分校」校址，成為農事體驗區，教導當地孩童種植作物，也做文化傳

承，其中一個空間也成為生態米的輾米廠，如此利用閒置空間，無疑是最「有機」的概念。另外，豐南村內有四條支流從海岸山脈竄出與鱉溪交匯，上游也分別奔瀉出五處瀑布，加上陡峭的峽谷、曲流與河階、泥岩惡地等等地貌，都成了豐南社區的生態導覽路線。

事實上，吉拉米代早在發展有機生態村之前，豐南社區發展協會就在地方推展各項社區服務，最近也開始配合林務局做巡山計畫，保護山上的牛樟以免被人盜採。豐南社區還有一個強項，就是「家政班」，成員多為漢人，從1991年就開始當班長至今的潘金菊，正是王晉英理事長的夫人，她說：「家政班在2008年成立『有機稻田學苑』，在政府部門的輔導下，我們發展出養蛋鴨的家庭副業，鴨子在自然環境中長大，吃的食物除了飼料外，也吃自己種的有機玉米、葉菜等，絕不施打抗生素或生長激素等藥物。現在遊客參訪豐南村時，我們也會帶領他們自製鹹鴨蛋。」

從友善農法到里山生態

對於豐南村的未來發展，王晉英理事長也非常有想法，他說：「我們的目標是要將豐南村推向有機生態村，全村都使用友善農法，不要破壞生態環境，一方面這樣的生活環境讓人覺得很享受，一方面社區也可以發展生態旅遊。我個人還希望將來村民都可以吃到自己種

01 吉哈拉艾生態自然田
02 吉拉米代的有機稻田
03 理事長王晉英與家政班長潘金菊

的友善作物，甚至連養殖也可以自己來，恢復以前自給自足的生活。尤其現在外面食安問題那麼嚴重，如果我們可以將健康安全的食物送上訪客的餐桌，這也會是豐南村的一大特色；但是一定要村民自己先享用，有剩餘的才賣給遊客，不做大量生產，也不給中間商剝削。」

自然與人文景觀豐富的吉拉米代，隱藏在海岸山脈裡，台23線帶來的異文化衝擊，激盪出今天原漢交融的風貌，使吉拉米代擁有雙重性格，既粗獷、又恬靜，深邃險峻的峽谷與櫛比鱗次的梯田，都為吉拉米代勾勒出美麗的藍圖，希望在村民的共同努力下，不僅以發展「有機農作」為目標，更能實現真正的里山生態村。

「里山生活」

「里山」一詞源於日文「Satoyama」，意指環繞在村落（里，Sato）週圍的山林和草原（山，yama），包含社區、森林、農業的一種混合地景；而當地居民透過永續的生態保育以及運用當地自然資源的方式，與土地萬物產生良性互動的一種生活型態。里山倡議強調社會面與環境面，卻不忽視生產面。

（參考資料：http://www.swan.org.tw/mag/110_6.htm，以及https://www.facebook.com/pages/里山生活實踐術/1520958898135212）

↑吉拉米代的有機田

有 | 機 | 寶 | 貝 | 農 | 民 | 曆

| 1月 | 2月 | **3月** | **4月** | **5月** | 6月 | **7月** | 8月 | 9月 | 10月 | **11月** | **12月** | **全年** |

豐南村的梅子採自然放生，製作醃漬梅等加工品時也不放防腐劑。

漢人把「稻米」帶進吉拉米代，加上日治時期修建的圳道，交織成吉拉米代部落的人文與自然風景，宛如世外桃源。

吉哈拉艾的生態田以綠生農法栽種。

蛋鴨是部落裡的家庭副業，由於蛋鴨的食物也都是有機葉菜，且不施打其他藥物，所以生下的鴨蛋也就令人安心，遊客參訪時也都能體驗到DIY製作鹹鴨蛋。

↑部落裡的農特產品「醃漬梅」

↑吉哈拉艾的生態田

↑部落耕作的生態米

↑鹹鴨蛋特產

主要作物：
稻米（7月、11～12月收）。

次要作物：
有機劍筍（3～5月收）、有機梅子（3～5月收）。

農特產品：
鹹鴨蛋、脆梅乾、Q梅。

特殊生態：
藍鵲、樹鵲、青蛙、金花石蒜（植物，小天祥的石壁上，色黃帶白）。

↑鴨咪別莊的蛋鴨

[01] 吉哈拉艾文化景觀區

2012年5月，由花蓮縣政府依《文化資產保存法》登錄為「吉哈拉艾文化景觀」，範圍爲鱉溪支流——石厝溝溪流域，面積約1040公頃，保護標的主要爲水梯田及水圳文化景觀，梯田面積約15公頃，水圳6條總長約4100公尺。

水圳源頭來自石厝溝溪的乾淨水源，因應地形、地勢及土壤環境，施作出與自然合一的圳溝結構，以山壁鑿溝、以泥土塑形、以石塊砌壁；雖然部分水圳已有水泥化與膠管化現象，但在文資法保護後，這些都期望恢復成原來面貌。

「吉哈拉艾文化景觀」的劃定與登錄，是社區居民與學術單位共同努力的結果，早在2011年10月，吉哈拉艾社區便成立「吉哈拉艾文化景觀管理委員會」，透過多次部落會議制定出《吉哈拉艾部落公約》，將阿美族對大自然與先人智慧的尊重融入生活之中，進而促成這樁美事。

[02] [03]鱉溪與瀑布群

流貫豐南村的鱉溪，是花蓮富里鄉境內流域最長的一條秀姑巒溪支流，發源自海岸山脈最高峰——麻荖漏山（新港山）系西北山腹間，全長約有11多公里，沿途有九芎溝（又名「瘋娘溝」）、中溝、石厝溝等支流自東匯入，然後一條「臭水溝（因該地湧泉有琉璜味而得名）」自西匯入，流出豐南村後再匯入其他支流，在富里村流進秀姑巒溪。

鱉溪據說以前產了很多野生甲魚，也就是「鱉」，所以有「鱉溪」之名。鱉溪在豐南村境內右岸的三條支流上游，都分別有一座或兩座瀑布，瘋娘溝上游有兩條銀簾稱爲「雙抱子」瀑布，中溝上游南北兩條支流分別爲女鬼瀑布、中溝瀑布，石厝溝上游則爲石厝溝瀑布。由於鱉溪在豐南村流域廣闊，也造成十多座橋樑，成爲富里鄉最多橋樑之村。

[04] [05] 石門小天祥

豐南村的山屬於海岸山脈古老而堅硬的都鑾山層，由海底火山噴發的熔岩冷卻後所形成，當鱉溪侵蝕覆蓋其上的軟岩層而竄出時，形成陡峭的峽谷，尤其在與石厝溝溪匯流處，兩岸岩壁陡直達600公尺，溪寬卻僅10多公尺，當地成爲「石門」；富東公路（台23線）在此沿鱉溪峽谷修建，一邊是峭壁、一邊是深谷，還有兩座穿岩而過的小山洞，其險峻之氣勢被稱爲「小天祥」。

兩溪匯口處往石厝溝的岩壁可以見到一條長長的圳道，這是先人開鑿於1926至1928年的「石門圳」，是當地原漢居民合作的典範，灌溉吉拉米代的十多公頃水田。另外，石厝溝中途有一個天然的石洞，被稱爲「石厝」或「石屋」，這也是「石厝溝」一名的由來。

[06] 河階與泥岩惡地

海岸山脈的「都鑾山層」爲一巨厚而豐富的火山岩層，直接掩覆在火成岩體之上或與火成岩體共存。因覆蓋其上的火山岩質鬆軟易蝕，於是當鱉溪從高山上切出時，不斷向下侵蝕，加上鄰近山勢阻擋溪流走向，在豐南村形成許多曲流與河階，而豐南村的聚落與田地，就座落在這些河階台地上。

人文與生態導覽地圖

當雨水與河水在質地軟弱的泥岩區沖刷時，經年累月就侵蝕成有如「月世界」般的地景，在地理學上稱為「惡地」，豐南村內便有這樣的景觀。由於泥岩本身顆粒細小、膠結性疏鬆、透水性又低，遇雨沖刷就容易順坡向下流動，使植物的生長相當困難，所以泥岩裸露，並呈現密佈的雨蝕溝。

[07] 四維分校

四維國小原是永豐國小的分校，於1990年代廢校之後，閒置許久，雜草叢生。幾年前豐南社區發展協會申請「重點部落計畫」，向花蓮縣政府借管四維分校，做成農事體驗營，讓當地孩童學習農耕，也作為文化傳承的場所，現在也是生態米的輾米廠；另一部分則提供遊客做部落體驗，設有「Ina的廚房」，讓遊客透過訂餐可以享用阿美族美食，也曾經提供簡單住宿，未來計畫種植野菜讓遊客摘採，也會有香茅的種植與香茅油的提煉，重現已經逝去的產業時光。

[08] 鴨咪別莊

「鴨咪別莊」為豐南社區家政班所成立，最初是在2007年，因為班長潘金菊家的鹹鴨蛋事業供不應求，於是發動班員一起來養蛋鴨，因為有不錯的銷路，盈餘一部分轉作家政班基金，成為全國社區難得有財務可以運作的家政班。

2008年，農委會委託花蓮縣政府和富里鄉農會辦理「有機稻田學苑」，豐南家政班的養鴨戶便加入此行列，並於2009年將其中一戶養鴨人家的豬寮改建成「鴨咪別莊」，讓遊客到此來做DIY體驗，例如：製作鹹鴨蛋、搗麻糬等，也提供客家風味餐的預訂，作為推廣有機作物及無毒養殖的教育場所。

花蓮縣富里鄉豐南村人文與生態導覽散步地圖

■ 豐南社區發展協會
王晉英
0937-579429、03-8831755

河階與泥岩
鴨咪別莊
鱉溪
往富里
吉拉米代跳舞場
吉哈拉艾文化景觀區
石門圳溝
石門圳
石門小天祥
中溝
臭水西溝
臭水東溝
四維分校
鱉溪
23
往東河

014

台東縣
池上鄉
萬安社區

| 敲 | 門 | 磚 |

■ 以生產良質米著稱的台東
池上鄉，十多年前就在米
商的帶領下，在萬安溪沖
積扇平原上，生產一塊
「有機米專區」，並在萬
安社區發展協會的推動
下，結合社區導覽與農村
體驗來推廣生態旅遊。

01 萬安溪兩側是主要的有機稻米區
02 來自中央山脈的水圳灌溉出池上良田

|社|區|風|貌|

花東縱谷的新開園

　　位於花東縱谷平原中段的池上鄉，自古就以生產優質米著稱，日治時期曾經成爲進貢米之一；「池上便當」也名聞遐邇，勾起許多人的火車記憶；近年又因一大片無電線桿的金黃稻田經常出現在媒體中而聲名大噪，一棵明星樹成爲遊客「朝聖」的景點，米鄉池上幾乎已成爲熱門觀光區。

　　池上地區最早有來自台南、高屏地區的西拉雅平埔族，以及東海岸的阿美族等原住民聚居；清光緒年間，福佬人等漢民族從台灣西岸越山而來，當時池上大坡池一帶被稱

爲「新開園」，意即「新開闢的田園」；日治時期，來自桃竹苗等地的客家人也進入池上開墾，由於居民以大坡池爲聚居地，從此改名爲「池上」。

　　池上米品質優良的因素，除了零工業汙染、灌溉水的開鑿與大坡池的水位調節等後天條件之外，更與許多先天條件有密切關係。西有中央山脈、東有海岸山脈的池上鄉，地形略呈西高東低，土壤由兩山脈之風化土堆積而成，在萬安溪流域約有1000公頃的黏質土壤，非常適合水稻生長；而發源自海岸山脈的萬安溪與大坡溪又帶來清澈的

溪水，以及發源自中央山脈的卑南溪主流上游——新武呂溪，和秀姑巒溪上游——龍泉溪等也富含有機質與礦物質，各溪流所形成的沖積扇平原，使富興、萬安、錦園、大坡、慶豐等村成為「老田區」，一年可有兩期稻作。

池上有機米專區

池上鄉近年也發展有機米，面積已達150多公頃，占池上稻田面積近10%，一半以上集中在「197公路」的萬安溪兩側，尤以萬安村為最多，有50多公頃，已形成一個完整的有機米專區。

池上有機米最早的帶動者為米商——梁正賢先生，他同時也是池上地區老牌輾米廠的後代，就讀理工科的他，喜歡以經驗所換得的數據資料來作為改良的科學依據。1994年為了提昇池上米的品質，便以自己的10多公頃稻田作為發展有

機耕作的試驗，以七年的時間換得改良經驗與心得。梁正賢說：「有機最大的風險就是環境。」他認為如果只有他一人的稻田從事有機，而周遭他人依然採用慣行農法，對他的有機米將有很大的汙染風險，所以他在2001年又找了一位對種米很有經驗的蕭煥通先生，希望由他開始為社區作有機田的示範。

池上冠軍米王

1939年生的蕭煥通先生是池上米的冠軍米王之一，當地人稱他為「赤腳米王」，對此他卻是謙虛地一字不提。他有一塊一公頃多的農田位於萬安溪畔，分期加入有機耕作，「有機」對他來說，不過就是回復到以前小時候跟著父親耕田的方式，捨棄除草劑與農藥，改回「搓草」與人工抓蟲。剛開始他有些排斥，畢竟年事已大，還要彎著腰除草，對他來說有些吃力，不過

01 稻米達人蕭煥通
02 有機米輾米廠

一方面「隨和」的個性使然，一方面米廠梁老闆出的有機米價比慣行米要多，讓他的收成利潤多了一些，他倒也甘之如飴，之後還成為產銷班班長，與梁老闆一起勸導其他農民改種有機米，並培養出有機冠軍米。蕭老先生說：「有機肥料雖然很貴，但是比較健康，而且奇怪的是，蟲害居然比以前灑農藥時還少。」

梁老闆不久又組成「池上有機米產銷班」，並與「萬安社區發展協會」一起推廣有機米的耕作，當時的社區總幹事是蕭仁義先生，為社區耕耘已有很長的一段時間。蕭先生是一位公務員，祖傳的一塊農田他借給叔叔耕作，自己並不務農，但當他得知梁老闆想做有機米時，他樂觀其成並給予協助，著手在社區成立培訓站，希望給農民找到一個永續的未來。

稻米原鄉永續發展

為了環境控管，梁老闆的團隊選擇將有機稻田全落在萬安溪兩側的完整區域內，並且一期一期逐漸擴大面積，目前他的有機米專區共有80多公頃，其中萬安村有52公頃。有機區有自己的獨立水源，有的來自萬安溪水圳，有的來自地下水井，米廠也設有自己的檢驗站，隨時監控稻米品質，不但建立了產銷班的有機品牌，也使契作農民不用再被農藥毒害健康。

萬安社區發展協會為了推廣有機米的種植，也在社區建立了一間「稻

01 蕭仁義在他家門前的稻田裡除雜草
02 稻米原鄉館旁的有機稻田
03 稻米原鄉館旁的有機稻田，稻草人穿著五花八門

01 萬安社區發展協會安排遊客體驗焢窯
02 邱華振示範萬安磚窯旁的製磚機器如何操作

米原鄉館」，除了對內開設課程教導有機耕作，也對外服務遊客，例如提供農事體驗、社區導覽、自行車租賃、簡單餐飲服務等。在原鄉館中擔任導覽員已超過十年的邱華振先生說：「協會為了土地的永續經營，以及農民的健康，十幾年前就開始推廣有機耕作，並且積極與外界交流，現在池上鄉的有機米面積是全台數一數二，大多為契作，提供池上兩家米廠與農會等三處對外銷售。」

自創品牌行銷全國

池上廣大的有機稻田除了米商契作之外，也有一小部分農民選擇自創品牌，現任社區協會顧問的蕭仁義就是一例。蕭先生為了吃到自己種的健康米，後來也開始從事有機無毒耕作，並在2007年建立自己的品牌，他說：「自創品牌並直接銷售給消費者是為了減少中間的層層剝削，給辛苦的農民較好的利潤，也給消費者較好的價格。」蕭先生的兩塊田區，一塊在梁老闆的有機米專區，一塊在自家門口前，都採用相同的有機農法操作。

蕭仁義的有機自然米因為產量不多，加上網路行銷成功，已經供不應求，他非常希望將自己的成功經驗傳授給其他有意願的小農。但是自創品牌意味著生產與銷售都要自己來，這對種了一輩子田的老農民來說，顯然是太過吃力了；加上一些輾米等生產設備的投資對小農來說也是一個不小的負擔，所以如果沒有社區組織的共同運作與栽培，大多農民想做有機耕作恐怕也只能以傳統的米商契作為主，這或許是池上等大型米鄉的共同宿命吧！

有|機|寶|貝|農|民|曆

1月	2月	3月	4月	5月	6月	7月	8月	9月	10月	11月	12月	全年

農特產品

池上鄉有機自然米產量已經供不應求

現在池上鄉的有機米面積是全台數一數二，大多為契作，提供池上兩家米廠與農會等三處對外銷售。

池上便當：一提到池上就不免令人聯想到池上便當，也因為池上的稻米品質穩定，加上是花東鐵道與公路幹道必經的地點，便當就成了過往旅人最佳解飢的好旅伴。

用米做成的米苔目，也寫做「米篩目」，因為製做時要把粉團在篩板上擦搓，再從洞眼（目）流出粉條，是客家人常吃的食物。

↑萬安有機米

↑萬安有機米

↑池上出名的特產池上便當

↑體驗米苔目的製作

🌾 **主要作物：**
　稻米（2～6月、7～11月收）。

🌾 **次要作物：**
　無

🌾 **農特產品：**
　米冰棒、池上便當（不全有機）。

🌾 **特殊生態：**
　蜻蜓。

↑有機米做的米冰棒。

人文與生態導覽地圖

[01] 稻米原鄉館

此處原為池上農會的閒置倉庫，2004年，萬安社區發展協會為推廣有機米而進行改造，現已成為社區農民的聚會所，以及遊客認識池上米鄉的窗口。館內除了二樓有多媒體教室兼餐廳之外，一樓也有農產品、古農具、米鄉歷史的展示，並可提供遊客住宿、導覽等資訊。

[02] 清河堂

這座具有百年以上歷史的大宅院，有「移動城堡」之稱，起因於它曾三番兩次從原地拆移重建至現址。古厝原位於花蓮富里永豐村，為一平埔族頭目所有，張家祖先以4000斤稻穀將它買下，因主結構以卡榫接合，可拆除後重組，張家祖先便將它搬移至石牌村，1952年左右又搬到萬安現址。清河堂主人近年配合觀光，在屋外設有農村體驗活動，如：窯烤地瓜、做米苦目等。

[03] 萬安磚窯

萬安地區因盛產黏質土，使這裡也成為早期東部地區的重要燒窯廠，這座具有19窯的「荷式目仔窯」建於1954年，最盛期的員工達上百人；後因紅磚需求銳減，加上燒柴所產生的黑煙造成附近農地的汙染，以及黏土的禁採，於1995年停產。

磚窯曾在2003年的一場6.7級大地震中震毀，後經文建會補助修復其中五窯，並登錄為「歷史建築」，五座煙囪附近的製磚機器仍保留在現場。

[04] 蠶桑休閒農場

1970至80年代，萬安地區曾有50多公頃的桑樹林，用來養蠶製成蠶絲被，外銷日本，曾有員工50多人，為土地銀行產權；後來因為轉給私人經營，加上貿易環境等客觀因素，現已不發展蠶絲業，僅供參觀教學使用，也記錄了那段不久前的輝煌歷史。

[05] [06] 伯朗大道與天堂路

這片廣達三、四百公頃的池上稻田，因地勢較低，早年容易淹水，使農舍紛紛搬離，又因找不到一根電線桿而使景觀豁然開朗，後來因某咖啡商在此拍攝廣告而得「伯朗大道」之名，與之交錯的一段路則名為「天堂路」，是萬新道路的一段；近年又有某位明星在此拍攝廣告，一棵他曾駐足取景的田間大樹，也跟著聲名大噪。

據說某年，曾有一位地主想在此立下電線桿，當第四支佇立起來時，被鄉民發現而制止，從此大家取得共識，才為田園風光留下完整倩影。

[07] 大坡池與池上浮圳

大坡池原名「大陂」、「大坤」，具有調節水位、蓄水、灌溉、防洪、防災等功能，成就了池上的富饒米鄉，就連早期池上便當裡的魚蝦也是來自大坡池，「池上」一名的由來也是因為大坡池，所以池上人暱稱她為「母親池」。

人文與生態導覽地圖

緊鄰海岸山脈錦園河階崖邊的大坡池，是一處斷層池，水源來自新武呂溪沖積扇末端的伏流，池水向北流出，成為秀姑巒溪的源頭之一。日治時期的大坡池，面積曾廣達55公頃，後因大排水溝的水利設施，加上天然淤塞等因素，今日的大坡池已日益縮減為20公頃，但仍有豐富的自然生態，蛙類、螢火蟲、魚類等等經常出沒。

從大坡池延伸出一條「浮圳」，修建於1921年（大正10年），又名為「盛土圳」，起點為新興村，終點靠近錦園村，灌溉了池上稻田。浮圳原為土溝，日治末期改為砌石混凝土圳溝，民國52年（1963年）又改建為現在的鋼筋混凝土結構，2004年已登錄為「歷史建築」。浮圳全長約1,196公尺，最高處將近6公尺，沿途所經盡是良田美景，所以沿線已闢有自行車道，中段並修有涼亭。

[08] [09] 池上飯包故事館

有名的池上便當據說始自李約典、林來富夫婦，他們在昭和年間本以販賣「番薯餅」維生，但因為從花蓮到台東的火車要坐8小時，使乘客經常飢腸轆轆地下車找食物，他們便改賣竹葉包的三角飯糰，成為第一代「御便當」。

後來因兒子李丁保在車站任職，老夫妻倆便到火車站叫賣便當，並發展出以木片做成的便當盒，成為旅人懷念的花東味。隨後由兒媳婦李陳雲女士接任便當事業，再由某飯包業者承繼這故事，並於池上車站附近創立了這間故事館，其內正展示了這段歷史。

台東縣池上鄉萬安社區人文與生態導覽散步地圖

諮詢窗口　■ 萬安社區發展協會／稻米原鄉館
萬安村1鄰1-12號
089-863689

池上火車站

池上飯包故事館

大坡池

大坡溪

往花蓮

卑南溪

9

197

洗衣亭

稻米原鄉館

萬安磚窯

伯朗大道

清河堂

萬安溪

往台東

9

萬安有機米專區

197

蠶桑休閒農場

015

Taitung

台東縣
鹿野鄉
永安社區

| 敲 | 門 | 磚 |

■ 鹿野鄉的有機茶、有機米
都發展甚早，許多「秀明
自然農法」愛好者也進駐
此地；而鹿野高台上的永
安社區以「環境教育認
證」推動成為有機生態低
碳社區，並在武陵綠色隧
道設置「2626市集」。

01 卑南溪與鹿寮溪構成的大平原
02 從鹿野高台俯瞰龍田村與遠處的鹿野溪
03 瑞源村的綠色隧道

從獵場到農場

　　台東縣的母親河——卑南溪從中央山脈由北往南貫穿鹿野鄉，與其支流——鹿野溪、鹿寮溪在花東縱谷間沖積成「台東第一大平原」，在板塊構造運動下，形成豐富的地形地貌，昔日曾有大群野鹿在此活躍，是布農族的廣大獵場。

　　清朝時期開始有阿美族、漢人進駐鹿野開墾；到了日治時期，大量日本人、福佬人、客家人、平埔族人至此種植甘蔗，逐漸形成鹿野（今龍田、鹿野）、鹿寮（今永安）、瑞源、瑞豐四村；1955年，退輔會拓墾鹿寮溪兩岸的溪埔地與台階地，成立「大同農場」，使大量榮民進駐鹿野；1958年，鹿野設置「鳳梨栽培事業區」，吸引來自台灣西部受水災之苦的新移民，是漢人進駐的高峰。之後隨著高經濟作物的發展，鹿野陸續以茶葉、稻米為主要作物，今日也成為有機茶、有機米的栽植區。

衝擊與轉型

鹿野鄉的有機農作最早可推至1996年，在受到GATT和WTO的衝擊下，農委會開始對農民輔導栽種有機作物，擁有茶園40年的茶農——蘇榮得便是第一批受輔導的農民。蘇先生的祖父從台南移民至鹿野，從父親開始種茶，當時跟其他鹿野茶農一樣，種的是阿薩姆紅茶，後來又轉作烏龍茶，都是採慣行農法。蘇榮得對於農藥本來就不喜歡，能少噴就不噴，曾經有一年的春茶，他故意不灑農藥，發現收成並沒有差很多，後來又聽說政府在輔導有機耕作，他便一頭栽進去學習，1998年就取得有機認證，可說是鹿野第一家。

蘇榮得說：「有機栽種最麻煩的是除草。」他的茶園不僅茶樹長得漂亮，雜草也很茂盛，他雖然砍草，卻也故意保留部分小草作為地披植物，這樣不僅保留土壤水份，也讓蟲害降低。他也開始試驗多物種的雜作來減少蟲害，他選擇容易照顧管理的鳳梨，一方面也因為鳳梨葉容易聚集雨水，使他的茶園不用人工灌溉，只需靠雨水便能長得很好。他也試種有機杭菊、花生等，他說：「從自己有興趣吃的作物開始種。」他不但種出健康，也種出樂趣，而且還帶著與父親的回憶一起種，他指著旁邊一處已超過30年的小茶園說：「那些茶樹是我與父親一起種的，所以不忍心砍掉。」

茶米之鄉

鹿野僅次於「茶」的有名作物，大概就是「米」了。鹿野有機米的首推者是產銷班的涂進榮班

01 蘇榮得的茶園與鳳梨和杭菊共生
02 蘇榮得捨不得與父親共植的茶園

01 涂進榮班長正在收割有機米
02 位在鹿寮溪南岸台階地的永安有機專區

長，他跟蘇榮得是同一期的有機班學員，爲了提昇銷售競爭力，1997年他開始拿自家位在鹿野鄉瑞源村的兩分地來試驗，施灑有機肥、不灑農藥與除草劑，第一期的收成只有慣行的三成，但他不棄不餒，繼續以技術克服，後來還成立有機米產銷班，並在他任職農會理事長期間將鹿野米打出品牌，也行銷日本。在涂班長的推動下，目前有16位農友加入鹿野有機米產銷班，種植面積廣達30多公頃，大多位於瑞源村內，一部分在永安村，其產量已都達慣行的九成，並成爲某日商速食店的指定用米。

涂班長現在的有機米位在「永安有機專區」，這是退輔會在2010年所釋放出來的一塊土地，位在鹿寮溪南岸的台階地，許多想要實現有機耕作夢想的農民在此競標承租，唯一條件就是一定要從事有機耕作。現在這裡除了稻米之外，也會看到其他作物，並且因爲有機耕作的施行，使這裡經常出現鳥蹤。

與生態共生的有機農園

相對於有些米商栽種有機作物常以「追求競爭力與利潤」爲目的，對於豐富生態不是漠不關心，就是感到有些困擾；近年大力推動社區營造並頗有成效的鹿野鄉永安社區，有一位管理有機農園的年輕農夫，便將豐富的生態視爲樂趣，他是現任永安社區發展協會總幹事的胞弟——廖正忠先生。

人稱「阿忠」的廖正忠，1973年生，家裡一塊4公頃多的農園來自父親，現爲四個兄弟共有。父親廖國義先生在1959年「八七水災」後，從台灣西部——彰化隨父親移民至鹿野山邊，當時種甘蔗與花生

維生；但不久，廖爺爺在一場火災中喪生，當年只有9歲的廖爸爸無力種田，便與母親搬遷至鹿寮街上謀生，直到30年前才回到山邊種茶、種果樹。廖爸爸跟許多農夫一樣，習慣對農作物施灑農藥和化肥，也曾因為農藥中毒而送醫多次，四兄弟對此有很大的擔憂。

廖正忠接管農場之後，決定不再施灑農藥，並且把茶園變成果園，用多樣化的種植來減少蟲害，至今已有14年的無毒管理，並在2007年取得有機認證。廖正忠勤於向農改場學習各種有機栽種方式，包括養雞吃蟲、肥力循環永續等方法。最初他也使用市面上販售的有機肥料，但因成本高，有機收成不比慣行，便開始學習自力堆肥，將果園中的枝葉、果皮、殘莖等廢材覆以米糠、土壤等進行發酵，幾個月後便有好用又不臭的肥料可以使用。在堆肥之中，還經常可見獨角仙的幼蟲，讓前來觀摩體驗的孩童喜出望外，從最初的皺著眉頭翻肥，變得樂不思蜀。

果園裡也經常可見各類鳥禽前來吃蟲、吃果，甚至築巢下蛋，樂於與這些小動物相處的阿忠，不但不以牠們為擾，還乾脆去申請「綠色保育標章」，以台東特有的鳥禽——烏頭翁為標記，讓他所生產的有機水果成為友善環境的綠色商品。也因為豐富生態所構成的完整食物鏈，廖家農場的蟲害比以前用慣行農法時還少，讓他對有機栽種充滿信心。

01

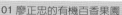
01 廖正忠的有機百香果園
02 生態農場使用雞來食蟲
03 有機生態農場內有鳥築巢，可見生機盎然

廖家農場裡的生態不只昆蟲、鳥禽等小動物，也經常有來自山上的大動物前來拜訪，山豬喜歡挖地瓜，山羌則喜歡將底莖磨斷。廖正忠指著攀藤的百香果底莖說：「山羌因為是草食性動物，咬斷的莖缺口是平的。」他儼然已成為動物專家，而且臉上一點憂色也沒有。

推廣環境教育認證

永安社區正在推廣「環境教育認證」，為遊客提供生態導覽解說，行程包括「玉龍泉」等社區內生態步道，範圍也擴及整個鹿野鄉。另外，永安村也期望發展成一個低碳社區，讓餐桌上的食物直接來自最近的產地，因此在武陵綠色隧道發起「2626市集」，商品皆來自鹿野鄉，從吃到用，五花八門，為位在偏鄉的鹿野注入一股新鮮活力。

生活步調緩慢的鹿野鄉，也有多位偏好「秀明自然農法」的農民，有的是在地年輕人，有的則是來自他鄉的自然愛好者，厭倦了城市裡的虛偽繁華，選擇在一處美麗的偏鄉重新出發，為人生作新的註解。家住瑞源村的胡銘孝即是其中一員，他在三年前接觸秀明自然農法，喜歡它的清靜無為，便將家裡已經廢耕三年的一甲多水稻田復耕，不灑農藥、不施肥、不除草、不除蟲，只負責育苗培種，「讓最適合這片土地的種苗來自這片

土壤，這樣種出的稻米最健康，自然就不需要其他人為動作。」胡銘孝跟我解釋這種「懶人農法」的真義。

當胡銘孝決定捨棄已經從事十年的軍旅生涯回到家鄉種田，而且用的還是有機農法時，曾受到家人、親友的質疑，尤其第一期的收成只有三成時，大家都勸他放棄，免得養不起家。但因為銘孝的堅持與理念，身為退休校長的父親也受到他的感動，現在逢人就說：「我支持他。」或許自然農法重視的不是收成效益，而是培養一種無所爭、無所求的內斂精神。

01 胡銘孝的稻米收成
02 胡銘孝與他的有機稻田

01

02

有|機|寶|貝|農|民|曆

| 1月 | 2月 | **3月** | **4月** | **5月** | **6月** | **7月** | **8月** | **9月** | 10月 | **11月** | 12月 | **全年** |

3～9月：近年流行喝咖啡，鹿野鄉也常見有農民將咖啡與茶葉並作。

5～9月：土鳳梨是鹿野鄉的主要作物，有農民將茶樹與鳳梨並種，因為鳳梨葉容易聚集雨水，使茶園減少人工灌溉，只需靠雨水便能長得很好。

鹿野鄉的有機米已建立長遠的根基。

目前鹿野有機米產銷班種植面積廣達30多公頃，大多位於瑞源村內，一部分在永安村。

茶葉是鹿野鄉主要經濟作物，近年因特殊的茶葉加工技術發展，打響了「紅烏龍」名號。

↑鳳梨

↑有機米

↑收成的稻米

↑茶樹開花

↑道地茶餐

茶餐也成道地的特色飲食。

◈主要作物：
茶葉（四季）、稻米（6月、11月收）、土鳳梨（5～9月收）。

◈次要作物：
咖啡（9~3月收）、蔬果。

◈農特產品：
紅烏龍、茶餐。

◈特殊生態：
鳥禽、蜥蜴、蛇、山豬、山羌等。

↑令人垂涎的有機水果

[01] 永安芬蘭原木屋

此處原為空軍雷達站,在1980年代裁撤軍營,成為永安社區的一處閒置空間。1996年,由公部門規劃,在地木工專家李世安所設計,以芬蘭紅松為材質,改建成一座多功能的芬蘭式建築。現為「永安農特產品展售中心」,也提供餐飲服務與旅遊諮詢。

[02] 玉龍泉生態步道

玉龍泉是一條由天然湧泉構成的野溪,沿岸林相與生態豐富。1950年代,為方便高台的小朋友到鹿寮就學,在此開闢了玉龍泉步道,成為許多永安人的童年回憶;1990年代後,因社區道路的開闢與便捷,此步道漸遭棄置。2006年,社區居民將其開闢成生態步道,全長1100公尺,從永安聖安宮通向鹿野高台,一路綠意盎然,溪水潺潺。

[03] 永昌部落

永安社區的永昌部落是阿美族聚居地,有一條整齊劃一的街道,由茄苳樹構成綠色隧道,是1935年日治時期所建立的新社。這裡的族人原住在鐵道兩側,火車經過時,飛出的火星經常點燃部落的茅草屋頂而致火災,後來部落長輩決議遷村至現址,並沿用「Rekat」的名稱,但被國民政府命名為「永昌」。

[04] 鹿野高台大草原

在板塊運動的擠壓下,卑南溪的沖積平原在永安村形成一個背斜隆起的台地,海拔約350公尺,台地上的大草原美得令人流連忘返,現已成為飛行傘的起飛點,以及每年舉行熱氣球活動之所。飛行傘運動引進台東大約只有10年,每年所舉辦的「花東縱谷飛行傘全國排名賽」已成為鹿野最大賽事。

[05] 龍田社區與自行車道

龍田村是日治時期的日人移民村,整齊的街道兩側有著成蔭的大樹,行走其間,令人不禁放慢步調,現在部分道路已闢為自行車道。這裡有座成立於1984年的「茶業改良場台東分場」,占地29.8公頃,周遭可見到許多茶樹的種植,以及如茵的碧草;2014年,因茶農抗議道路兩旁的木棉樹遮擋陽光使茶樹生長不好,一排木棉樹因此遭殃。

[06] 龍田國小日式校長宿舍暨托兒所

創設於1917年（日大正6年）的龍田國小，是鹿野鄉最早創立的學校，時名為「鹿野尋常小學校」，專供日本子弟就讀；1939年（日昭和14年）設置私立鹿野托兒所，可能是台灣最早的托兒所。

校長宿舍原是鹿野庄役場庄長官舍，戰後由龍田國小接收管理，成為校長宿舍。樣式為兩坡流水木造建築，1998年曾做過外部翻修，2005年已公告為「歷史建築」成為文化資產。

[07] 武陵綠色隧道

位於舊台九線武陵段，沿路種植樟樹、木麻黃，在省道截彎取直後成為悠閒漫步的好場所。這座長達數公里的綠色隧道，兩旁樹木種於日治時期，如今已蔚然成林，十分迷人；兩旁排水溝以草溝、土溝構成，富有生態意義。

台東縣鹿野鄉人文與生態導覽散步地圖

諮詢窗口

■ 永安社區發展協會／生態導覽解說
永安村永樂路257巷5號
0919-611644、089-552224
■ 鹿野有機米產銷班
涂進榮，0937-391225

武陵綠色隧道 ●
新源綠色隧道 ●
永安有機專區
有機生態農場 ●
瑞源火車站 ●
197
永樂路
鹿寮溪
永安村
9
卑南溪
玉龍泉生態步道 ●
永昌綠色隧道 ●
二層坪 ●
9
鹿野高台大草原
布農部落 ●
鹿野火車站 ●
龍田村 ●
龍田國小
9
197
卑南溪
鹿野溪

016

Taitung

台東縣
卑南鄉
大初鹿地區

│敲│門│磚│

■ 台東卑南鄉的「大初鹿」地區，在休閒農業區發展協會與各社區發展協會的努力下，正準備將當地已有的二十多處有機農戶進行整合，期望未來打造成為一處廣大的有機生態休閒農業區。

01 眺望初鹿村與明峰村
02 眺望卑南溪與東側卑南山

|社|區|風|貌|

花東縱谷最南端的沃土

過鹿鳴橋往南，來到花東縱谷的最南端——台東縣卑南鄉，沿著台九線由北而南經過三個村落，分別是：明峰、初鹿、美農，再加上東側卑南溪畔的嘉豐村，日治時期合稱為初鹿村；如今，這裡不僅有多座有機農場，也在「美農社區發展協會」與「初鹿休閒農業區發展協會」的整合下，正朝著有機村的方向邁進。

大初鹿地區東側有卑南溪、卑南山與美農高台，西側有中央山脈與太平溪北支流流域，大致以台九線公路為分界。卑南山是一座獨立於中央山脈與海岸山脈末端之間的小山，其西側是美農高台；太平溪主流——大巴六九溪發源於中央山脈馬里山，匯入大初鹿地區的三條支流：萬萬溪、新斑鳩溪、斑鳩溪之後，往東繼續流向台東平原，最後注入太平洋。

大初鹿地區有一支名為「北絲鬮社」的卑南族人，在日治昭和12年（1937年）轉化為「初鹿」一名。早期因需要大批人力開墾耕種，招募漢人進駐此區，從日治時

期到國民政府初期，逐漸形成各個漢人聚落，也留下許多跟產業相關的地名，例如：「澱粉」是因為種植樹薯，曾建有澱粉工廠，而「菸草間」則因種植菸葉，曾建有菸樓等等。因政策與市場需求，大初鹿地區的作物不斷演變，甘蔗、鳳梨、樹薯、花生、棉花、苧麻、菸葉、咖啡等等，都曾陸續重覆登場，近年則以種植咖啡、梅子、枇杷、釋迦、茶葉等等為主。

從生態出發的有機耕作

於1998年擔任美農社區總幹事的邢滿榮，不僅帶領美農村從事社區營造工作，也很早就開始從事有機耕作。他從村內的文史田調、耆老訪談開始，一直到生態調查，他發現這裡的生物多樣性十分珍貴，而且擁有獨立與乾淨的水源，非常適合也應該從事有機耕作。於是，2000年他接受政府各單位的輔導，開始將自己的2公頃農場轉型做有機。第一年產量嚴重下滑，他便開始到處取經，不僅上課，更到其他農場觀摩、學習，終於在第三年後，摸索出一套有機耕作的方式，也順利取得有機認證，並經常勸導其他農民一起用有機耕作來愛護環境，目前美農村有10多公頃的有機農田。

邢先生種植有機作物，求的不只是種出健康、安全的作物，也不斷找出可以與其他生物共存的方法。他使用自製的液肥來提供植物養份和防治病蟲害，液肥原料皆來自天然素材，例如：豆漿、牛奶、糖蜜、海草粉等。將液肥噴灑在葉面上，因為糖蜜的吸引，蟲類便會因為吸飽液肥而不去傷害作物，而液肥流到根部，也提供了植物的有機養分；再加上依照時令的剪枝、套袋、除草，以及輪作、雜作等方式，讓他的有機作物已經與一般慣行作物有了同等的收成。

為了不傷害釋迦等水果最容易滋生的粉介殼蟲，邢先生只用水柱來驅趕，蟲被螞蟻抬上來之後，他再噴水一次，直到套上紙袋；紙袋內仍有很多粉介殼蟲，他就改用空氣管來清理。對於果園裡經常出沒的小動物，果子狸就用燈驅趕、鳥類就給牠吃、野兔就守株待兔然後趕兔、飛鼠則用誘捕器捉了之後拿到中央山脈去野放，種在山邊的楊桃就分享給動物們吃。邢先生說：「對萬物要有寬容心，如同面對每天的人事物。」但他也建議，從事有機耕作最好不要有經濟壓力，例如以退休人士或兼差性質為佳，因為要遇到氣候平順才可能有較好的回報。

從慣行到有機的轉變

1980年代的美農高台大多種植茶葉，在海拔300、400公尺間，滿是茶園，現在卻只剩一家還在種茶，

01 邢滿榮與他的有機釋迦
02 邢滿榮的農場百香果與枇杷雜種
03 曾荒廢多年的陳家有機茶園
04 陳弘儒與他的有機茶園

亦即現任美農社區協會總幹事陳弘儒家的有機茶園。陳家從祖父來美農開闢茶園至今已是第三代，傳到他父親——陳肇誠時，因為是醫學院畢業，深知農藥對健康的危害，便很少再使用除蟲劑，對於除草劑則是完全不用，全靠人工砍草。後來因為受到進口茶葉的低價衝擊，加上低海拔茶葉難敵高山茶，他們位在美農高台的一片3甲茶園便不再管理，任其生長。2010年在政府的推廣下，他們為這片廢置多年的茶園進行有機認證，並施用有機肥，雖然產量仍不如慣行農法，卻成為推廣健康理念的樣本。

這一、兩年，美農村除了做社區美化之外，也致力於生態環境的營造，例如：種植蜜源植物、整理萬萬溼地、以生態工法做排水溝等，進而推動遊客的社區導覽，包括：茶園體驗、柴燒捏陶、有機果園參觀、生態導覽等。年輕輩的社區總幹事陳弘儒說：「希望美農社區未來可以做好異業結盟與遊客深度旅遊的服務，將導覽、體驗、住宿等等結合，讓社區內的有機與生態據點整合成一個便於觀光旅遊的地方。」

01 陳民富的咖啡園
02 陳民富的咖啡樹與雜樹林共生
03 美農村的年輕陶藝家陳信价

重現日治時期的咖啡產業

日治時期的大初鹿地區，在中央山脈底下曾種有大片咖啡樹，美農村的班鳩地區還曾建有咖啡處理廠，現任美農社區協會理事長陳民富，即在此處有一片有機咖啡園。陳家祖先來到這裡承租林班地，最初砍伐雜木林燒製木炭維生，後來以慣行農法種植柑橘，當柑橘不再種植之後，此林地便荒廢了一、二十年。近年因為台灣的咖啡有了名氣，陳民富便在山林裡整理出一塊八分地試種咖啡，也因為土地經過長年沒有施灑農藥，2010年做有機認證時便已無農藥驗出。

陳民富的咖啡因為種在樹林間，周遭種有牛樟、肖楠、肉桂、梧桐、油桐、楓香等，日夜吸收樹林芬多精，使他的咖啡擁有多層次的氣味，加上此地所形成的「微氣候」，以及排水良好、日照適中、日夜溫差大、土壤適合等條件，他的咖啡曾在2011年獲選為「東部十大經典咖啡」之一。他現在以有機咖啡結合兒子陳信价的陶藝來推廣自己的品牌，也期望美農村將來以生態與有機為主軸，讓遊客重新認識這個釋迦盛產地。

共襄盛舉的咖啡產銷班

大初鹿地區由於咖啡種植面積越來越廣，加上各有各的理念，在六、七年間竟產生三個咖啡產銷班；住在初鹿教堂旁的潘明順，便是產銷班班長之一。潘明順的產銷班共有13位班員，加入條件之一就是一定要以有機來耕作，他說：「除了是市場趨勢，也為了土地與

自己的健康。」潘明順因曾有肝硬化現象，他的作物在2000年就全改為有機耕作，2010年取得有機認證。他的1.7公頃有機農田，以多種作物雜種，一方面可以防治病蟲害，一方面也利用雜草涵養水土，目前以咖啡、釋迦、枇杷種植最多。

潘明順以實驗精神種咖啡，為了縮短咖啡日照時間，避免發酵過度，他發明了脫水機器，先將咖啡果倒下去攪拌瀝乾，再帶皮日晒，從以前日照三個月縮短為現在的一個月，而且因為不水洗，也保留了果香，這也是許多咖啡農採用的「蜜處理」；咖啡果用脫殼機去除果殼後，將豆子冷藏，使用時再拿出來晒個半天到一天，然後才烘焙，這也能使咖啡豆香味四溢。另外，他也使用咖啡葉做成咖啡茶，方法如同製作茶葉一般，也因發酵程度的不同而分成紅茶與綠茶，將來他還想研發咖啡花面膜，這些實驗成果他都申請專利保護。

休閒農業的有機願景

在中央山脈有一片1.4公頃果園的廖坤郎，是初鹿休閒農業區發展協會的現任理事長，2013年9月才上任的他，決心要整合休閒區內的有機農戶，使大初鹿地區成為真正的有機村。廖坤郎說：「初鹿休閒農業區會員目前涵蓋明峰、初鹿、美農三村，共有26公頃有機栽種區，期望能藉由休閒農業的推動，增加農民從事有機耕作的意願，讓消費者到初鹿旅遊可以吃得更健康。」

廖坤郎的父親在1953年從雲林來到台東開墾，最初以慣行農法種植枇杷、釋迦等作物，後來因為產量過剩導致價格不好，廖坤郎便於2001年開始研究製酒，2008年取得執照並在鹿鳴橋下開了一家酒莊。

01 潘明順的咖啡與枇杷共生
02 潘明順與咖啡樹

他因爲有一片採自然農法耕作的肉桂園，一次製酒時，發現自己種的與別人用慣行農法種的肉桂所做的酒比較，自己的肉桂酒更甜、更甘醇，香氣也更濃郁，於是他在2010年全面轉作有機，並且開始推廣有機酒、有機梅等，他的有機加工品不僅作物經過有機認證，就連工廠設備、加工產品也都經過認證，他認爲這樣消費者才能吃得安心。

從中央山脈下山的路上，遇到一隻斑鳩鳥停在路中央，車輪即將迫近，我不禁喊叫，廖先生說：「不用擔心，看到有小動物，我們一定會放慢車速，讓牠先過。」此時斑鳩已飛離地面到樹林間。廖先生還說：「這裡不僅有很多鳥，山豬、山羌等大動物也會來，山豬喜歡吃枇杷，就給牠吃，反正也吃不了太多。」衷心期盼初鹿地區能成爲眞正的有機生態村，讓農藥釋迦不再存在。

01 廖坤郎與有機枇杷花茶
02 從中央山脈望向卑南溪溪谷與東邊的卑南山
03 廖坤郎的有機枇杷園

｜有｜機｜寶｜貝｜農｜民｜曆｜

| 1月 | 2月 | 3月 | 4月 | 5月 | 6月 | 7月 | 8月 | 9月 | 10月 | 11月 | 12月 | 全年 |

柑橘

梅子

早熟品種的枇杷則在1～2月採收。

8～12月土釋迦

7～12月百香果

12～4月鳳梨釋迦

11～3月咖啡：日治時期的大初鹿地區，在中央山脈底下曾種有大片咖啡樹，美農村的班鳩地區還曾建有咖啡處理廠。近年順應咖啡風潮，美農地區也有農民在果園或樹園中種植有機咖啡。

茶葉：1980年代的美農高台大多種植茶葉，在海拔300、400公尺間，現在只剩一家茶農還在種茶。除了有機茶種植，另有生態導覽與茶園體驗。

↑柑橘

↑ 肉桂葉

↑梅子

↑有機枇杷

↑咖啡

↑鳳梨釋迦

↑開花的茶樹

🌽 **主要作物：**
咖啡（11～3月收）、梅子（3月收）、土釋迦（8～12月收）、鳳梨釋迦（12～4月收）、枇杷（3～4月收，早熟品種1～2月收）。

🌽 **次要作物：**
茶葉（四季）、百香果（7～12月收）、柑橘（1月收）、肉桂（全年，但3、4月開花期不採葉）。

🌽 **農特產品：**
有機酒、有機梅、枇杷花茶等。

🌽 **特殊生態：**
雉雞、斑鳩、竹雞、八哥、黃鸝、朱鸝、環頸雉、五色鳥、烏頭翁、野兔、野蝦、鱸鰻、樹蛙、飛鼠、果子狸、鼬、山豬、山羌等。

↑農特產品有機酒和有機梅

人文與生態導覽地圖

[01] 卑南山斷層崖／小黃山

由於受到菲律賓板塊的碰撞，淺海沈積物被往西推擠，碰到歐亞板塊的中央山脈而隆起一座卑南山，平均高度只有300公尺，其東側的卑南溪岸有明顯的斷層崖，是台東著名的「利吉斷層」之一部分。

由於此區地質以厚層礫岩為主，偶爾夾帶薄層砂岩與泥岩，在雨水沖蝕下，切割甚為劇烈，草木難以生長，形成峰頭筍立、峭壁連綿之景象，得「小黃山」之名。

[02] 萬萬自然生態園區

為一處天然的濕地，擁有梯田、蓮花池、灌溉溝渠等，豐沛的水源孕育出豐富的水生物種，經過美農社區居民的努力，以及地主的提供用地，規劃成一個生態園區，有荷花、蝴蝶、樹蛙、螢火蟲等等，適合作為生態觀察與教學。

[03] 班鳩冰品部

釋迦又稱為「番荔枝」，美農村在1980年代中期起即為釋迦盛產地，成立有「班鳩番荔枝產銷班」，班員為解決釋迦熟果、落果賣不掉的問題，2000年由產銷班18位成員共同集資成立「班鳩釋迦冰品部」，曾於2002年獲選為國宴冰品。冰品部一樓是美農社區發展協會辦公室，社區導覽以此做為起點。

[04] 種畜場與農改場

隸屬行政院農委會管轄，包含：種畜繁殖場、農業改良場、水土保持局等三個單位，前者以培養有機牛最具特色，中者有一片20公頃的有機農田，後者建有水土保持戶外教室，民眾或團體皆可預約參觀。

人文與生態導覽地圖

[05] 初鹿牧場

位於卑南山上的「初鹿牧場」屬國有財產局所有，早期委託土地銀行經營，以栽種柑橘等作物爲主；1973年起兼營牧場，2006年以BOT方式交由私人經營，收費入場。

初鹿牧場面積達72公頃，約有200頭乳牛，所食用的牧草無農藥；還有一片3公頃的有機農園，以牛糞發酵作爲肥料，已通過有機認證。

[06] 卑南綠色隧道

從台東市沿著台九線進入花東縱谷之前，會經過一排長達2公里多的「綠色隧道」，車道兩旁種植樹齡超過80年的茄冬樹。這些茄冬樹是當年日本人爲了綠化花東公路，強迫當地原住民所種植，原來全長10公里，直達初鹿；1941年爲了作爲飛機的戰備跑道，砍除了賓朗到美農的行道樹，1966年爲拓寬道路又砍除美農到初鹿的行道樹，現存約220多棵。

台東縣卑南鄉大初鹿地區人文與生態導覽散步地圖

諮詢窗口

■ 初鹿休閒農業區發展協會
　廖坤郎，0927-036281
■ 美農社區發展協會
　陳民富，0921-367136
　陳弘儒，0937-496937

017

Taitung

台東縣
金峰鄉
嘉蘭部落

| 敲 | 門 | 磚 |

■ 八八風災過後，讓許多部
落重新省思環境命題，並
力圖從悲愴心情與破碎家
園中重建生活秩序，太麻
里溪左岸的嘉蘭部落便選
擇致力於發展有機產業與
觀光，雙手歡迎外界重新
認識這塊土地。

01 嘉蘭村是金峰鄉公所的所在地
02 嘉蘭村在風災後建立的永久屋
03 太麻里溪與拉冷冷橋

|社|區|風|貌|

排灣與魯凱兩族融合的部落

　　台東縣金峰鄉與太麻里兩鄉，水土交融，物產類似，夏天有金針花，冬天有洛神花，加上一年可種二至三期的小米以及著名的釋迦，雖然耕地有限，卻是農產與資源豐饒之地；近年在鄉公所與多個民間團體的推動下，有幾個原民部落正朝有機產業邁進，尤以金峰鄉嘉蘭村最為完整。

　　源自中央山脈南段大武山的太麻里溪，往東奔向太平洋，溪口形成沖積扇平原，北岸由內而外有嘉蘭與正興兩個以排灣族為主的聚落。這裡的原住民由內山的多個部落分別於日治時期、民國初期遷徙而來，光是嘉蘭村就擁有七個舊排灣部落、八個頭目，加上一小部分的魯凱族自大武山的另一側遷徙而來，使嘉蘭村成為排灣與魯凱兩族融合的原民聚落。

　　嘉蘭村所在之處原名為「布邐布路深（Buliblosan）」，排灣族語是「多霧」之意，自從Kaaluwan

（卡阿麓灣）部落率先於昭和14年（1939年）遷至此處，遂取其音成爲「嘉蘭社區」；民國55年（1966年），屏東縣霧台鄉的部分魯凱族人陸續遷居本村，又於民國64年（1975年）在其上方闢建「新富社區」，兩者合稱爲「嘉蘭村」，成爲金峰鄉的鄉治所在。

八八風災後的重生

2009年8月8日的莫拉克颱風，大武山區在一小時內降下200毫米以上的雨量，東台灣的各個溪流開始拉警報，太麻里溪也在此時潰堤，並且沖毀了嘉蘭社區河階上近百戶民宅，岸邊的耕地也成爲溪床，太麻里溪寬度從原先的三、五十公尺變成兩百多公尺，溪上的兩座橋樑都被沖毀，還造成兩名太麻里員警殉職。這樣刻骨銘心的記憶，現任「嘉蘭社區發展協會」理事長黃志明在災後四年餘悸猶存，他是受災戶之一，也是一名退休警員，他與太太高秀春都在部落重建工作中擔任要角。

風災之後，被沖毀的民宅以及瀕危民宅只好在上部落的新富社區耕地重建家園，加上2005年的海棠風災也有15戶民宅需要重建，使新富社區除了原先的魯凱族之外，又多了四個排灣族部落。但新家尚未落成，隔年9月20日，凡那比颱風又重創南臺灣，雨量更高達300毫米，再次造成太麻里溪水暴漲，嘉蘭村的居民又再度飽受一次驚嚇。

百多戶的永久屋在世界展望會與紅十字會的資助下，分別在2011與2012年落成並啓用，災民告別寄居在正興村中繼屋的日子，試圖從困頓的環境與悲愴的心情中復甦，一方面重建與適應新家園，一方面也尋回部落的產業與文化。嘉蘭村在災後開始種植有機作物，並陸續成立洛神、雜糧、小米三個產銷班，有機耕作面積共達30多公頃，以洛神花、小米爲主，也種植部落的其他傳統作物，例如：紅藜、樹豆、山芋頭等，並以農事體驗、生態導覽、部落廚房等來帶動部落觀光，讓外界認識嘉蘭村對人與環境的友善。

「紅寶石」洛神花季

嘉蘭村是金峰鄉種植洛神最多的區域，近年鄉公所在每年11月舉辦「洛神花季」，使金峰鄉儼然成爲洛神花之鄉。洛神花原產於熱帶地區，日治時期被引進台灣種植，有「紅寶石」之稱，已成爲金峰、太麻里等鄉的農民重要經濟來源。食用洛神花其實吃的並非是「花」，而是「花萼」，粉紅色的花在一大早盛開，近中午就開始收合凋萎，傍晚之後逐漸花謝，留下裡面的種子和花萼，深紅色的花萼漸漸肥大，採收之後用工具將碩大的種子去除，農民稱爲「捅花」，再將花萼製成蜜餞、果汁等。

嘉蘭村的有機農業區大多分布在聚落對岸的拉冷冷與拉灣兩處，因爲聯外橋樑在風災時被沖毀，廢耕了

01 11月正是洛神花開的季節
02 賴淑芳以永續的理念來種植有機作物
03 從拉冷冷有機農業區望向對岸的嘉蘭部落

兩、三年的土地重新使用，正適合有機耕作。如今這兩處分別有「拉冷冷橋」與「拉灣橋」與部落相接，分別完工於2013年6月與2月，底下是溪床增高五十米的太麻里溪。

「拉冷冷有機農業區」是小米產銷班的耕地，春天種小米，夏天種洛神，兩者輪作，地力互補，也減少蟲害。「嘉蘭社區發展協會」以這裡為基地，帶領遊客做農事體驗，例如夏天就安排做小米麻糬、吉拿富（cinavu）等，冬天就採洛神花、捅花、做洛神花蜜餞等行程，或是安排在部落住宿，讓外賓體驗部落文化。

居民齊心永續部落

曾與嘉蘭社區協會配合體驗行程的賴淑芳，原從事護理工作，八八風災後，雖然他們家並不是受災戶，但她仍與先生一起回到部落幫忙處理災後工作。永久屋落成後，部落準備回到正常的生活軌道，賴淑芳也開始思索她還可以為部落做什麼，於是參與了社區協會的「部落廚房」工作，並在周遭種植有機作物。她說：「有機不僅養生，也是永續環境的唯一方法，雖然除草很費工，但是很值得。」她也經常勸導其他農民，盡量不用農藥與除草劑，即使沒經過認證的有機作物只能以一般價格來賣，但她

仍堅持用有機耕作來永續環境。

目前加入小米產銷班的農民有30多戶，多以小米、洛神輪種，雖然這些作物對於農藥、肥料並不依賴，但是除草這件吃力的工作，卻讓許多老農民怯步。黃志明理事長說：「因為部落老人習慣以『撒播』方式來種植小米，使得割草機根本無法進入農田協助除草，是造成部分農民無法持續從事有機耕作的主因；所以我們申請經費購買除草機、翻土機，並將播種方式改為『條播』，以便疏苗和除草器械化，將來也會再度整地，將小梯田整成較大面積，以利機器操作，就連『收割』也可以使用器械，希望減少人力支出，以提高大家從事有機耕作的意願。」

原民風味的生態導覽

嘉蘭社區協會除了安排遊客參加農事體驗外，也策劃了三條生態導覽路線：金峰溫泉、植物園區步道、麻勒得伯古道，前兩條位在七個排灣族舊部落之一的「麻里佛勒」傳統領域內，也是黃志明理事長的故鄉，他說：「植物園區步道已經很久沒人來過了，毛蟹在這裡的溪流悄悄復育，上方的奇拿奧勒

01 捅掉洛神花的種子是每年採收季的例行工作
02 社區發展協會請老師來教導村民職業技能
03 部落老人正在整理剛採收的洛神花

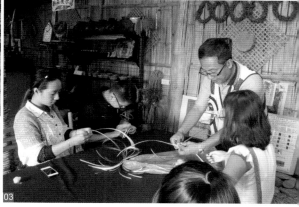

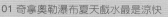

01 奇拿奧勒瀑布夏天戲水最是涼快
02 金峰溫泉在災後重展露頭
03 產業促進會理事長蔣爭光正在帶領遊客
　　體驗編織

瀑布，夏日戲水最是涼爽。」而「麻勒得伯」則是另一個更遙遠的排灣族舊部落，其意是「太陽下山的地方」，政府原本策劃從這裡開一條路翻過大武山到達屏東的霧台鄉，但是遭到當地居民的強烈反對，黃理事長說：「開路會破壞了這裡的自然生態。」顯然大武山的居民愛土地勝過愛交通便利。至於金峰溫泉，在八八風災之前就頗有名氣，只是昔日的溫泉露頭已經被土石掩蓋，新的溫泉利用中油探勘處留下的溫泉井引水入池，享受露天泡溫泉的樂趣。

除了社區發展協會外，嘉蘭村另有一組織名為「嘉蘭災難自救暨文化經濟產業促進會」，也在為部落發展做出努力，創辦者為軍人出身、人稱「蔣教官」的蔣爭光，他同樣從風災後就一直協助部落重建工作，現仍協助族人發展各種產業，如：烘焙、養雞、手工藝製作等，以改善部落的經濟生活。蔣教官對於部落歷史與文化有很深的了解，現正推動部落導覽等旅遊行程，也讓遊客親身體驗農特產、手工藝製作等等，讓外賓來到嘉蘭部落彷如「回嘉」。

受災後的嘉蘭部落雖然新生活才剛起步，但部落居民凝聚共識，自力更生，一起走出風災悲情，絕對值得大家的鼓勵與讚許。喜歡熱鬧的話，每年七月的排灣族豐年祭，或是十一月的洛神花季，不妨趁機拜訪這個新舊並陳的美麗村落。

有|機|寶|貝|農|民|曆

| 1月 | **2月** | 3月 | 4月 | **5月** | **6月** | 7月 | 8月 | 9月 | 10月 | **11月** | 12月 | 全年 |

目前部落的小米產銷班以小米和洛神輪作。

紅藜是部落的傳統作物，嘉蘭村在八八災後開始種植有機作物，紅藜也是其中之一。

樹豆又被稱作會跳舞的豆子，傳說因為樹豆的牽成，部落的女孩才有好姻緣。樹豆採收期12月至隔年3月，晒乾後的樹豆可以長期保存，常見原住民市場中有人以寶特瓶裝售。

洛神花原產於熱帶地區，日治時期被引進台灣種植，有「紅寶石」之稱，已成為金峰、太麻里等鄉的農民重要經濟來源。

↑晒乾準備當做種子的小米

↑晒乾後的紅藜

甲酸漿葉的味道苦中帶甘，排灣族跟魯凱族常用來包裹以小米或芋頭粉製成的奇拿富，外面再以芒草或月桃葉等包裹蒸煮，食用時，連著甲酸漿葉一起吃，據說具有整腸的功效。

↑製作吉拿富不可缺的甲酸漿葉

↑粉紅色的洛神花與深紅色的花萼

🌾主要作物：
　小米（5～6月收）、洛神花（11月收）。

🌾次要作物：
　紅藜（2月收）、樹豆（2月收）、山芋頭（11月收）。

🌾農特產品：
　洛神花蜜餞與原汁、洛神花茶、吉拿富（cinavu）。

🌾特殊生態：
　甲酸漿葉、毛蟹。

↑洛神花蜜餞與奇拿富

人文與生態導覽地圖

[01] 部落廣場

嘉蘭村「部落廣場」於八八風災後所建,落成於2012年7月,結合部落、政府、民間三方的努力而成,作為嘉蘭村的傳統集會所。部落廣場由宋仙璋規劃,宋先生對於部落的歷史文化深具底蘊,他並透過與族人的溝通和耆老訪談來完成規劃案,興建也由族人親自參與,長者教導青年,婦女負責細部,共同完成頭目家屋、青年聚會所、涼棚等建築,並綴以熊鷹羽毛、人頭紋、百步蛇等排灣族傳統圖騰。

[02] 嘉蘭社區文化成長教室

嘉蘭社區協會辦公室所在地,同時也是社區巡守隊與文化成長班的所在,在這裡開辦各項才藝訓練課程以培養人才,有利用漂流木進行創作的「屋努木工坊」,以及發展陶珠文創產業的「芭伊工坊」,也不時邀請專業人士前來進行各項教學,例如:部落創意料理等等,室內同時展示學員的作品。

[03] 嘉蘭旅遊中心暨幸福媽媽工坊

嘉蘭自救會暨產業促進會所成立的「嘉蘭旅遊中心」與「幸福媽媽工坊」,致力於推展部落觀光產業、促進在地就業與創業等,同時也是遊客體驗農事與編織的場所之一。「幸福媽媽工坊」又名「INA TAPAU」,是教導部落婦女從事陶藝、編織、刺繡等手工藝的教室,也將他們的成果對外展示,創造部落婦女的就業機會。

[04] 魯凱族石板屋

在小學任教的陳參梓老師是魯凱族人,家族早年從屏東遷至嘉蘭村。1995年,陳老師自屏東載運石板到嘉蘭山上,與父親、兄弟合力建造這棟依古法的石板屋,裡裡外外都是魯凱族的圖騰。所用石板由父親陳六九敲製,樑柱木雕則由他的朋友雕刻,歷時三年完成,其父親也在完工後過世,充滿尋根與追思的意味。

[05] 正興部落

位在嘉蘭部落外側不遠,同樣是太麻里溪左岸以排灣族為主的正興村,由深山遷出的介達、比魯、斗里、包盛等四社所組成,故此處住有四位排灣族頭目。2002年,以「甕的故鄉」作為主軸,獲選為「全國十大環境保護模範社區」。街道整齊乾淨的正興村,多戶人家、圍牆,利用石板、陶甕、圖騰來裝飾,並有多處手工藝工作室,文風也很鼎盛,高學歷者眾。

台東縣金峰鄉嘉蘭部落人文與生態導覽散步地圖

洽詢窗口
■ 嘉蘭社區發展協會,嘉蘭村219號 黃志明,0919-147896
■ 嘉蘭旅遊中心,嘉蘭村669號 蔣爭光,0937-396943

嘉蘭旅遊中心
幸福媽媽工作坊
八八風災東側永久屋
新富社區
八八風災西側永久屋
嘉蘭社區發展協會
往正興、太麻里
海棠風災永久屋
嘉蘭村路口
部落廣場
拉冷冷橋
嘉蘭社區
拉灣橋
太麻里溪
拉冷冷有機農業區
拉灣有機農業區
魯凱族石板屋

018

台東縣
太麻里鄉
拉勞蘭部落

｜敲｜門｜磚｜

■ 透過對排灣文化的重建，
小米田在東台灣的拉勞蘭
部落重新深植，並成為南
迴線多個原住民部落的產
業與文化中心，這一切的
成果，都與一位基督教長
老教會牧師的覺醒與努力
息息相關。

01 02

| 社 | 區 | 風 | 貌 |

01 東海岸的新香蘭
02 拉勞蘭的有機耕作從尋回傳統祭典出發

日升之鄉太麻里

位在東南海岸的太麻里鄉有「日升之鄉」的稱號，排灣族語稱爲「Tjavualji」，大約一千年前由來自大武山的排灣族人入墾，到了清光緒年間，才有漢人移墾平地，始稱「太麻里」。日治時期至民國初年之間，來自台灣西部的漢人移民越來越多，使今天的太麻里鄉人口以漢人略多，原住民則有排灣族、阿美族、卑南族、魯凱族等。

太麻里溪口南岸、台九線旁的香蘭村，有舊香蘭、新香蘭兩個聚落，前者爲漢人聚落，後者有排灣族與阿美族人。香蘭村的阿美族人約於清末、日初時自恆春遷入，原與舊香蘭的漢人混居，但因長年不合，日本政府遂將阿美族遷到稍南的新香蘭，

也同時將原住在香蘭山腰上的排灣族部落遷入，使今天的新香蘭有排灣族人36戶，而阿美族人則有百多戶，前者合稱爲「Lalauran（拉勞蘭）」，後者稱爲「Sasaljak（沙薩拉克）」。

正因爲這樣的歷史淵源，在新香蘭的排灣族人曾有一段遺失的文化記憶，不僅在日本政府當局的禁止下，停止了原住民的祭典，後來也在恢復祭典時將自己變成阿美族人，過阿美族的節日、參與阿美族的祭典、身穿阿美族的服飾、唱阿美族的歌謠、跳阿美族的舞、說阿美族的語言，忘了自己是百步蛇的子民；直到二十年前，排灣族人漸漸找回自己的文化，重新戴上琉璃珠，繡上太陽與百步蛇，也開始種

01 戴牧師與正在試種農改場改良種的小米田
02 戴明雄牧師在新香蘭教會大門前
03 飽滿的小米穗

回祭典中重要的作物——小米與紅藜，使得拉勞蘭部落的有機無毒作物的推廣，與重拾排灣文化的信念息息相關。

重建排灣族文化

漢名「戴明雄」的基督長老教會排灣族牧師撒依努·得別格（Sakinu Tepiq），1967年生，2002年他回到自己的部落——拉勞蘭——這塊族人口中的「肥沃之土」服務。他在進行社區營造的過程中，意識到自身文化的危機，於是決定復建排灣族祭典，從耆老口中漸漸拼湊出文化記憶；而祭典中不可或缺的小米酒原料——小米，以及發酵用的紅藜，卻因為文化的轉變而難覓蹤跡，於是2005年他在拉勞蘭推動小米田的復育，採用部落的傳統自然農法，並於三年後開始做有機認證。

戴明雄牧師說：「隨著部落傳統祭典的流失，以及稻米文化的入侵，小米的種植在許多部落中斷了二、三十年，全台灣幾乎已經沒有人有計劃、大面積地栽種小米。當我決定開始帶動拉勞蘭族人一起復育小米時，我打聽到嘉蘭部落還有人保留一些原生種小米，於是我拜訪取得12個品種，開始在拉勞蘭的土地上試種；沒想到這一種，也重新拾起了部落老人的文化記憶，使重建排灣文化的工作變得更為順利。」

復育部落傳統作物

拉勞蘭部落的小米田復育從戴牧師自己的兩甲多地開始，他號召族人一起從事田區工作，一方面增加了族人的就業機會，一方面也讓

族人學習小米田的耕種管理。2007年，戴牧師又成立「原鄉部落重建文教基金會」與作為部落產業中心的「小米工坊」，因為他的復育工作不僅感動了拉勞蘭部落的族人，也催化了東海岸其他排灣族部落對自身文化重建的集體意識，紛紛前往拉勞蘭向戴牧師取經，而新成立的單位便是要協助台東縣其他部落的文化重建工作。

　　戴牧師說：「從一開始，種小米就是為了種回部落文化，從拉勞蘭起頭，台東縣其他部落也跟進，讓拉勞蘭的『小米工坊』成為台東縣多個部落的產業與文化中心，就連遠在那瑪夏、阿里山的部落也會前來索取小米品種。」在戴牧師的推動下，小米的銷路與需求逐年增加，收購價格從一開始的每公斤30元，如今已到90元，大大提昇了種植者的意願；而產地也從台東縣境內的海岸線拓展到南迴線，不只拉勞蘭部落自己有七、八公頃小米田，透過『小米工坊』所連結的種植面積也高達200公頃，這其中包含了一小部分的紅藜與樹豆，已經成為部分族人的主要經濟來源之一。

　　也因為拉勞蘭部落在小米的復

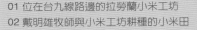

01 位在台九線路邊的拉勞蘭小米工坊
02 戴明雄牧師與小米工坊耕種的小米田

育上有成，台東農改場從2009年開始便經常與部落合作試驗新品種與新農法，也將拉勞蘭作為小米示範區、觀摩區，引薦其他部落或學術單位前往參觀學習。隨著工作量的增加，戴牧師又於2011年成立「拉勞蘭部落文化發展協會」，並申請多元就業計劃的補助，不僅聘工輔導各地農民的生產與行銷，也充實了服務能力，讓部落產業從一級的「農作物產銷」，進到二級的「農產品研發」以及三級的「遊客導覽體驗」，於是透過介紹部落傳統作物，也讓拉勞蘭與東排灣文化得以被世人看見。

青年加入生產行列

現為拉勞蘭部落資深導覽員的林建中，1980年生，也是小米工坊共耕地的農夫之一，他提及拉勞蘭在戴牧師的推動下，不僅已經成立小米產銷班，而「小米工坊」也在團隊經營的努力下，逐漸穩步成長。七人團隊自負盈虧，全心投入產業的開發，利潤則一部分回饋到部落，這樣的經營模式不但大家共體共生，也不必過度依賴外力，讓工作更有尊嚴。

林建中提到傳統小米田的耕作方式，他說：「小米田撒播時，為了防止一次抓太多小米，會在裡頭

先參和泥土或沙子,這是老人家的智慧。」撒播時會有第一次的拔雜草,待長出幼苗後,進行疏苗時也要第二次拔草,之後便讓雜草自然生長,不會再拔除,原因是可以讓結穗時的小米借由雜草來擋風,避免成熟米粒掉落,這也是老人家的智慧。

與傳統農法不同的是,拉勞蘭的小米田會引泉水灌溉,將山上的太麻里溪水引到部落的水塔,然後各個田區再以水管引水灌溉,避免完全靠天吃飯的窘境。雖然小米的病蟲害不太嚴重,但是鳥害卻常常造成很大的損失,拉勞蘭部落與農改場的合作中,便包括驅鳥的試驗,但現在仍找不到有效的方法。

自行實驗試種有機釋迦

除了種植有機小米、紅藜、樹豆等傳統作物外,林建中自己也嘗試種植有機釋迦。太麻里是釋迦的重要產地之一,到處可以見到釋迦園,但是釋迦的病蟲害非常嚴重,願意種植有機釋迦的農戶微乎其微。林建中的家人原本就是釋迦農,以慣行農法種著兩甲釋迦園,林建中說服家人讓他在一塊獨立的五分地上嘗試種植有機釋迦,並以多於慣行釋迦的一至二成價格透過

01 與海相伴的小米田
02 林建中說明如何栽種有機釋迦
03 拉勞蘭部落的紅藜田

01

網路或親友進行零售。雖然有機釋迦的外貌受到介殼蟲的影響而顯得不討喜，但口感卻比慣行釋迦好很多，這也是消費者會持續跟他購買的原因之一。

問起種植有機釋迦的原因，林建中說：「因為想要活化土地，讓土地生生不息，重建原住民與土地的關係。」傳統的慣行農法因為施放大量農藥，土地每五年就要經過一次翻土，將深處的泥土翻挖上來使用，對土地有很大的傷害。林建中為了有效管理有機釋迦園，除了自己上網找資料之外，也到農改場上課，將所學到的方法加上自己不斷的試驗，現在已找出多種防治病蟲害的方法與心得。

林建中說：「我發現油脂可以預防蟲害，不論是苦楝子、苦楝葉、無患子的油，甚至市售的葵花油、大豆沙拉油等，都可以有預防效果，不同的油脂對付不同的蟲害，我正試圖找出比較廣效性的油類。」至於對付果蠅則用賀爾蒙誘捕或色紙黏版的方式，對付螞蟻則可以用黑色膠帶反捆在樹幹上，利用黏性來防止螞蟻入侵，少了螞蟻也可以減少粉介殼蟲的侵擾。除此

之外，田間雜草管理也是對付蟲害的方法之一，拔草只拔除樹頭周遭的部份，其餘留著以保持生態平衡，這樣不只可以利用生物鏈的方式來防治蟲害，也可以涵養水土、增加土壤的腐植質。

在施肥方面，林建中則利用市售有機肥中的成分，加上小米工坊留下的米糠，兩者和在一起發酵之後使用，以降低有機肥的成本。對有機耕作充滿信心的林建中，未來也希望將他自己種植有機釋迦的經驗分享給其他有興趣種植的農友，讓有機的理念向外推廣，大家共同為環境盡一份心力；另一方面，也因為有機釋迦的利潤比小米還要高，他希望讓族人有更高的意願投入有機農業的生產工作。

拉勞蘭所復育的排灣文化，不僅僅是遵循傳統的舊俗，也多了應合時代的創新，這些在中青生代上都可見到。再例如：原始社會為了生存所發生的部落間的侵犯與衝突，此時都已化干戈為玉帛，在每年七月的小米收穫祭（masalut）中，南迴線的多個排灣族部落，甚至卑南族、魯凱族等部落，青年代表們都會著傳統服飾到拉勞蘭來進行交流與聯誼；隔日的慶典中，也會看到各家小米酒的品測比賽，以及部落婦女所做的傳統佳餚配上小米工坊所推出的新研發美食，共同宴請前來認識在時代中不斷演進的拉勞蘭部落文化的各地訪客。

01 在林建中的有機釋迦園望見新香蘭
02 林建中與他的有機釋迦園
03 黑色膠帶用來防止螞蟻入侵釋迦樹
04 再等三個月即能採收的有機釋迦

有｜機｜寶｜貝｜農｜民｜曆

| 1月 | 2月 | 3月 | 4月 | 5月 | 6月 | 7月 | 8月 | 9月 | 10月 | 11月 | 12月 | 全年 |

除了小米，紅藜也是排灣族祭典中重要的作物，近年復育成功。紅藜因為顏色鮮紅多變，也被用在祭典中作為祝福的作物或頭飾。

太麻里是釋迦的重要產地之一，但因為慣行農法對土地傷害大，近年有族人已朝有機發展。

拉勞蘭部落推動小米田的復育，採用部落的傳統自然農法，進行無毒作物的推廣。

傳說遠古時代有族人將藏在身上的小米、樹豆、藜、芋頭及番薯等植物種子帶到各地生長。排灣族稱樹豆為Book，種子顏色可分為黑、白、灰、棕色及斑紋等品種。

↑營養成分高的紅藜

↑再等三個月即能採收的有機釋迦

↑小米做成的餅乾

↑陽光下的小米

↑樹豆苗

主要作物：
小米（5月收）。

次要作物：
紅藜（1月收）、樹豆（12月收）、釋迦（1～2月收）。

農特產品：
祈納福（cinavu）、小米酒、小米酒釀醃肉、小米酒釀香腸、小米蛋糕、小米年糕、小米餅乾、紅藜蛋糕、紅藜餅乾。

特殊生態：
山羌、山豬、大冠鷲。

↑拉勞蘭特產──樹豆、小米、紅藜、小米酒

人文與生態導覽地圖

[01] 拉勞蘭小米工坊

為「拉勞蘭部落文化發展協會」所主持，最早的小米工坊位在部落上方，成立於2007年，利用閒置的社區活動中心所開設；2013年遷到台九線路邊現址，原屋因閒置多年而向屋主承租，整理成拉勞蘭的產業展售中心與協會辦公室，現也開辦餐廳，販賣早午餐，菜色具有豐富的創意與巧思，價格公道。

[02] 新香蘭基督長老教會

目前由戴明雄牧師所主持的「新香蘭長老教會」，於1956年首度在部落宣教，當時宣教地點在村民家中；1964年以茅草蓋了第一間教堂，由教友就地取材親手搭建；歷經幾次翻修之後，又於1994年原地重建成現今所見之鋼筋水泥造的三層樓教堂。

新教堂由部落族人募集資金，動員多位原住民藝術家做裝飾，費時八年才完成，裡裡外外充滿排灣族風格，例如：牆壁、大門、內堂、十字架等等，是新香蘭部落排灣族的重要信仰中心，也是推動部落計畫之所在，現在更成外客到新香蘭的必訪景點。

[03] 青年會所

長久以來參與阿美族豐年祭的排灣族拉勞蘭部落，青年階級決定於1996年退出阿美族祭典，並試圖尋回自己的文化。1998年，拉勞蘭青年會組織運作逐漸成熟，推選會長一人，並至頭目家舉行古禮，正式成立。1999年，部落向族人租用一間倉庫，動員青年改造成會所，成為部落未婚男子平日聚會與祭典期間的文化學習處。

拉勞蘭青年會在南迴線經過的台東、屏東縣境內，對於原住民部落的文化復興也起了相當作用，他們與其他排灣部落，甚至是魯凱、卑南部落的青年會做串連，平時交誼聯繫，遇有祭典或重大事件時，彼此互相參與、支援，打破過去傳統部落的敵對關係，發展出一種新型態且良性的互動與結盟。

[04] 舊香蘭遺址

在舊香蘭社區東南方約300公尺的台九線公路至海岸線間，於1998年發現一處重要的文化遺址，面積廣達20公頃，研判距今約2500至3000年，填補了台灣東部史前文化與原住民文化之間的失落環節。在舊香蘭遺址所發現的大批文物中，有近似排灣族文化的圖騰，也有石板棺、巨石柱、石輪的發現，並研判曾有大型琉璃珠工廠、陶器廠、冶金銅工廠等，證明了此時已與世界金屬器文明接軌。

舊香蘭遺址在2007年6月已被指定為縣定遺址，多數文物放藏於國立史前博物館；但因出土文物的遺址周遭為農田，整個遺址範圍尚未整理完畢，目前只能暫時現地保存並列冊管理；也由於海岸下沉已直逼海岸線，此處遺址正面臨保存的危機。

台東縣太麻里鄉香蘭村人文
與生態導覽散步地圖

■ 拉勞蘭部落文化發展協會
香蘭村11鄰42號，08-9782547

■ 新香蘭基督長老教會
香蘭村新香蘭路13鄰88-4號
戴明雄 牧師，08-9780032

舊香蘭聚落 ●
舊香蘭遺址 ●
新香蘭聚落 ●
太平洋

中南部地區
生態家園

台灣西部平原是漢人抵台的首墾區，三百多年來胼手胝足，
與在地平埔族富庶了這裡，卻也過度開發了這片土地，幸好
仍有一群人，或堅守或回首，以友善方式回饋了這片富饒之
土，山上的賽德克、排灣、魯凱、鄒族，也在此生生不息。

019

南投縣
中寮鄉
龍眼林社區

|敲|門|磚|

■ 歷經九二一大地震之後的
南投中寮鄉龍眼林休閒農
業區,正以「有機農業」
作為社區產業發展重點之
一,在新移民與老居民的
同心協力下,希望將來成
為宜居宜遊的養生樂活社
區。

01 吳基任總幹事所經營的生態農莊
02 陳長宏積極推廣養生作物油甘
03 樟平溪流經北中寮

社 區 風 貌

震後重建譜新機

南投縣中寮鄉位於中央山脈西側，海拔在200至1264公尺之間，大部份為和緩的丘陵地，全鄉依山勢及流域分為北中寮、南中寮兩大區塊，北中寮有樟平溪、南中寮有平林溪流經。天然地形造成農田呈零星分佈，加上缺少水利灌溉設施，農作以旱作為主，早年以香蕉輸日，現今則以龍眼、竹筍、香蕉、柑桔等作物為大宗。

北中寮自古以來就是鹿港通往埔里的必經之路，形成「紅菜坪古道」，古道上的驛站曾盛及一時，此古道除了大多已成為現代道路之外，原本留在清水村的一段山路也毀於九二一地震中。

發生於1999年的「九二一大地震」，相信經歷過的人都永世難忘，山崩地裂、路毀屋垮，造成多人傷亡，位處震央不遠的中寮鄉也首當其衝。地震災後，痛定思痛，重建家園，中寮鄉曾有地方人士成立「中寮鄉有機文化協會」，對於「實現有機村」有過願景，但幾年下來，因為參與者對「有機」的想

法多有出入，使得協會停擺多年，直到2013年由陳長宏先生接任理事長才又開始運作。

有機發展成為社區目標

畢業於生藥系的陳長宏，原本在花蓮縣壽豐鄉的志學農場參與有機耕作，但由於不堪每年颱風所帶來的嚴重災害，2010年搬到南投的南中寮地區繼續租地從事有機耕作，並於隔年成立「中寮有機果樹產銷班」，結合理念相同的農友，大家一起推動中寮鄉的有機產業。2013年，陳長宏又買下北中寮的4公頃農地，將原本做慣行的檳榔園，經過整地之後改種養生作物「油甘」，並與當地的「龍眼林休閒農業區」結合，希望以有機農業搭配休閒產業，帶動地方發展。

「龍眼林休閒農業區」包含中寮鄉北邊的龍安、內城、清水等三村，早在1991年，當地農民為了配合政府的「富麗農村」政策，就將傳統農業轉型為觀光休閒產業，希冀為逐漸凋零的農村注入新活水，可惜當時多淪為紙上談兵。九二一地震後，許多資源進到龍眼林社區，除了重建、修路、拓寬「投17線」之外，也在社區做了許多硬體建設，發掘觀光景點，才讓龍眼林地區逐漸被外界所看見，終於在2009年正式成立「龍眼林休閒農業區」。

01 陳長宏以酵素作有機栽培
02 陳長宏以生物費洛蒙防治蟲害

現任「龍眼林休閒農業區」總幹事——吳基任說：「我從小在這裡長大，建立自然生態田園是我的夢想，可惜早期當地人對此沒什麼概念，休閒觀光產業也一直推不起來。九二一大地震之後，我們一直在思考龍眼林社區的發展方向，但很難著力，直到陳長宏先生搬到中寮鄉，他把有機農業的觀念帶進來，大家開始慢慢接受，才決定以有機農業為主軸，發展龍眼林社區的休閒產業。」

印度聖果在此萌芽

除了「有機果樹產銷班」之外，陳長宏又於2014年成立「中寮特用作物（有機油甘）產銷班」，希望勸服農友一起來栽種油甘，透過生技做成養生食品，成為中寮鄉的特有產業。目前班員有22位，其中已有11位開始種植有機或無毒作物，面積達15公頃，大多在龍眼林社區，並有4位班員正在有機轉型期，將來也會做有機集團驗證。

陳長宏說：「油甘過去在台灣只被做成蜜餞，產值不高，但其實它在印度、中國等地是很受重視的高營養作物，有『印度聖果』之稱。」油甘的栽種條件並不嚴苛，貧瘠的土壤、乾旱的氣候，都可以生長茂盛，而且因為是深根性植物，對於水土的保持也非常有利，種在像南投這樣的山區，再適合不

01 陳長宏的龍眼林與肉桂林
02 陳長宏的油甘苗園
03 油甘樹也常被拿來做景觀樹

過，這也是陳長宏大力推廣種植的原因。

陳長宏在北中寮除了買地種植油甘外，也接手一位高齡師姊的龍眼林與肉桂園，他以草生栽培的方式，並大量使用自製的酵素做成液肥，配合性費洛蒙的誘蟲方式，在培養地力與防治病蟲害方面都得到很好的效果，這也是陳長宏教導農友的有機耕種方法。

「龍眼」是中寮地區十分普遍的經濟作用，大部分用來烘製成龍眼乾，雖然使用農藥的情況並不嚴重，但大多農民施灑化肥栽種，同樣對土地有不小的傷害；陳長宏的龍眼樹是有機栽種，果粒數量不如慣行多，味道卻多了一股清甜。

藥草香草延續傳統

另外，南投鄉親本來就有自熬草藥養生治病的傳統，藥草在南投地區也是常見的作物，「龍眼林休閒農業區」便有幾座專門種植藥草的園區，「龍眼林休閒農業區促進會」前任總幹事、也是前「九二一重建委員會北中寮」主委的林玉成，他在龍安村所經營的植物園便是一例。

林玉成說：「九二一地震之後，有外面的團隊進來輔導社區內的產業復興，他們先調查這裡的產業結構，發現許多農民以種植檳榔維生，但低海拔的檳榔品質不好，難以在市場上競爭，便鼓勵農民改種養生植物，一方面也可以配合休閒農業區的觀光產業，讓農民有新的出路。」

1946年生的林玉成，現在也是「中寮特用作物產銷班」的一員，他除了在清水村有兩分地種植養生、香草作物，以作為教育、推廣、體驗場所之外，在清水村也有種植養生作物和梅子，十幾年來都沒有使用農藥，現在更不用化肥、除草劑等，醃漬梅子除了糖以外，也不添加其他有害物質，許多熟客都會來向他購買。現在這個教育基地也讓遊客體驗製作養生饅頭、麵疙瘩等，將自己種的巴蔘、綠莧草等養生作物打成汁，再和進麵粉中，添色、添味、又添健康。

生態豐富利養生

前任「南投縣藥用植物研究協會」理事長魏維加也住在中寮鄉，並在2006年擔任理事長時成立一座藥用植物園，種植多種養生、藥用植物，作為教育、推廣藥用植物的場所。魏維加說：「南投縣藥用植物研究協會約在20年前成立，因為我們這裡的鄉民一向知道藥草的妙用，每家都有自己的秘方來治病養身，希望可以記錄並傳承、發揚，所以就一起成立協會，現在每年都還舉辦學術講習會。」

魏維加同時也是「龍眼林休閒農業區」、「中寮特用作物產銷班」的成員，喜愛地方文史並發願

要回饋鄉里的他，也培訓社區居民成為生態與文史解說員，培訓內容包括：地方文史、地方產業、有機農場、生態解說等，從龍眼林遊客服務中心出發，一路導覽社區槌球場、有機農場、植物園、生態農莊、染織工房、清水國小等，如果在社區過夜，還可以到聚落外的龍鳳瀑布、肖楠巨木群等地走走。

魏維加說：「北中寮地區因為農業蕭條，近年使用農藥情況本來就少，所以區內生態豐富，螢火蟲、蝴蝶、鳥類等，經常出現在清水村的龍鳳瀑布一帶，使生態導覽與藥用作物可以成為我們這裡的新興產業。」吳基任總幹事也說：「希望我們這裡可以成為都會人休閒養生的好去處，尤其現在國道六號開通，從都會來到龍眼林又多了一個選擇。」

01 林玉成的藥用植物園
02 魏維加導覽社區槌球場
03 樟平溪是大肚溪（烏溪）上游之一

期待災後浴火重生

吳基任在父親給他的一塊三公頃土地上經營一家生態農莊，地點在樟平溪的上游——龍鳳溪旁，地震前叫做「吳基任有機農場」，因為當時他曾經在這裡種植高麗菜等蔬菜，雖然那時還沒有嚴格的有機驗證，但是他以不噴農藥、使用有機肥的方式栽培，然後交給有機商店出售，但商店給的價錢相當低，讓他難以養家糊口，他只好放棄有機農業去做工。但是他從來沒有放棄這片夢想園地，持續不斷地改造成一個生態農莊，現在也兼營餐廳與民宿，過著忙碌而踏實的生活。幽默風趣的吳基任說：「以前是『吳基種有機，種得慘兮兮』，現在是『吳基種有機，種得笑嘻嘻』，雖然賺不了錢，卻可以換得健康。」

雖然「龍眼林休閒農業區」還沒有全面發展有機無毒農業，但是豐富的自然生態，以及藥草養生的傳統觀念，現在加上一群社區居民的同心協力，期待未來的「中寮龍眼林」就如九二一震災後的浴火鳳凰一般，從困境中獲得新生。

01 吳基任導覽自己的農莊步道
02 吳基任生態農莊裡的蓮花
03 吳基任總幹事導覽肖楠巨木群

有 | 機 | 寶 | 貝 | 農 | 民 | 曆

1月　2月　3月　4月　5月　6月　7月　8月　9月　10月　11月　12月　全年

3～5月 梅子

7～8月肉桂

7～9月龍眼：龍眼林社區即因盛產龍眼得名，尤其柴燒烘焙的龍眼乾更是遠近馳名。

11～12月 柳丁

11～1月柑橘：柑橘類果實含有豐富的營養，如維生素C、礦物質以及多種類黃酮等抗氧化成分。

巴蔘：又有花旗蔘、西洋蔘、粉光蔘、土人蔘等稱號，是中藥食材常見的藥用植物。

2～4月、9～12月油甘：油甘果並不常見，早期因口味酸澀，只適合處理成蜜餞食用，由於營養成分高，目前已成為高經濟價值的果樹。

11～1月薑黃：其根莖所磨成的粉末可作為咖哩的香料之一，味道苦辛，有土味，也可見用於中藥材以及南洋料理中。

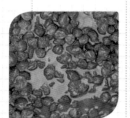
↑梅子加工的特產酸梅

↑肉桂

↑龍眼

↑油甘

↑柳丁

↑藥用植物巴蔘

主要作物：
香蕉（全年）、柳丁(11～12月)、龍眼（7～9月)、梅子（3～5月收）。

次要作物：
柑橘（11～1月收）、油甘（9～12月、2～4月收）、肉桂（7～8月收）、薑黃（11～1月收）、巴蔘（全年收）等藥草類。

農特產品：
龍眼乾、薑黃黑糖、油甘等養生食品。

特殊生態：
螢火蟲、蝴蝶、鳥類。

↑中寮龍眼乾

人文與生態導覽地圖

[01] 龍眼林福利協會／遊客服務中心

1999年九二一大地震時，正值廖振益擔任龍安村長期間，他在災後立即提供村內老人的餐飲服務，後來也得到「九二一重建基金會」的資助，供膳服務擴及全中寮的老人。為了安撫村民在地震後的惶恐心情，他也設立社區學園，開設許多實用課程，讓村民可以用自己的力量重建家園，課程包括：木工班、休閒農業班、養生餐飲班等，優質的課程內容讓中寮鄉其他村民也來學習。

隨後，廖振益成立「龍眼林福利協會」，在善心人士的資助下，買下現在的這塊地，除了繼續提供村內老人用膳服務之外，也做老人日間照顧、兒少課後照顧等，並且在「龍眼林休閒農業區促進會」正式成立之前，扮演推動社區產業的角色，目前龍眼林的遊客服務中心也設在此處。

為了籌措福利協會的經費，龍眼林福利協會也收購中寮鄉的龍眼、荔枝、梅子等作物，做成果乾、蜜餞等一級加工品後販售；將來還準備募款興建老人養護中心，進一步照顧老人生活，為將來台灣進入老年化的社會做準備。

[02] 龍眼灶

在龍眼林福利協會的斜對面有一處依照古法製作的「龍眼灶」，這是福利協會在九二一大地震之後為振興地方產業並籌措協會運作經費所完成，後方的大型「烏梅灶」則是後來申請「農村再生計畫」所建造。

由於龍眼、梅子、荔枝等都是中寮鄉的重要作物，福利協會在向農民收購之後，燻製成龍眼乾、烏梅乾、荔枝乾、洛神乾等。燻製果乾日數依照大小與水份而不一，少則三天三夜，多則八天八夜，日夜柴火不能中斷，所用薪柴為龍眼木或荔枝木，增添特殊香氣。

中寮鄉的土質、氣候都很適合種植這些果樹，所以自古就以自然農法栽培，或是安全用藥，果肉厚實香Q，福利協會做成加工品時，也無使用化學添加物，僅用鹽巴與蔗糖，所以頗受好評。

[03] 中寮有機產銷班辦公處／鐵馬驛站

這裡過去是成立於1980年代的「內城合作農場」，是北中寮農民的作物銷售平台，曾有大量香蕉、柳丁、竹筍、龍眼乾、梅子等作物在此集散。目前由於內城合作農場的幹部大多年事已高，加上台灣農業萎縮造成運作資金不足，合作農場的集貨地與辦公室便出租給其他單位使用。

2014年，陳長宏先生與鄭小璇小姐，租下該場地，一方面作為簡易的食品加工廠，一方面也成為中寮鄉有機文化協會與兩個有機產銷班的辦公所在，以此作為推動有機產業的基地與銷售平台；現在也是水保局補助成立的「鐵馬驛站」之一，提供自行車友加水、打氣、休息、咖啡、蔬食等服務，將來也會提供旅客諮詢服務。

[04] 清水國小

從民國43年（1954年）開始見證龍眼林社區興衰的清水國小，在九二一大地震中一棟校舍全倒，為配合當地的休閒產業發展，震後將全校重建，以木結構為建築概念，搭配周圍山景，成為具有歐式民宿風格的森林小學，已成為北中寮的觀光景點之一。清水國小在香蕉輸日的極盛時期，全校學生曾高達七百多人，近年全校學生人數約百人上下。

[05] [06] 龍鳳瀑布

龍眼林社區的樟平溪上游有兩座垂掛於峭壁上的瀑布，一邊是「龍」，一邊是「鳳」，合起來就稱為「龍鳳瀑布」。龍瀑上方正規劃一座「空中步道」，將來可以抵達瀑布上方，從上往下望，瀑布底下一池清水惹清涼；鳳瀑下方有一涼亭，也可以就近讓瀑布之泉洗淨塵囂。樟平溪繼續往西流，與眾溪交匯之後就是烏溪。

[07] 百年肖楠巨木群

從通往龍鳳瀑布的產業道路再往上走，約在海拔500公尺處，有一片上百棵的肖楠森林，從樹幹粗細來看，這片肖楠林大致分為兩個樹齡，據當地人說，較大的樹齡是清朝的鹿港施姓商人所種，估計是種植之後要採收換取金錢之用，無奈日本人統治台灣，便留下這片百年肖楠林。

肖楠是珍貴的樹種，質地堅硬，適合用來作建築、家具、雕刻等，是台灣五大珍木之一，這種百年以上的老樹種已經非常少見，現在是林務局列管的自然生態保育林區，每棵巨樹上皆有編號，最大巨木直徑達一公尺多，也成台灣肖楠木的母種採集區，林中還可見到一棵巨大樟樹。

南投縣中寮鄉龍眼林社區人文與生態導覽散步地圖

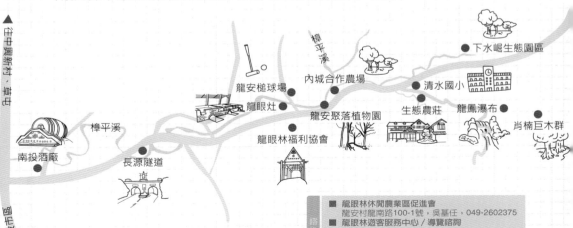

020

Nantou

南投縣
仁愛鄉
眉溪部落

| 敲 | 門 | 磚 |

■ 南投仁愛鄉住著很多不同
族群的原住民，南豐村的
眉溪部落是賽德克族的家
鄉，有一位曾任原住民族
委員會的主委，正帶領他
的族人及南投縣的原民部
落，以綠生農法來發展有
機農業。

01 位在眉溪邊的眉溪部落
02 瓦歷斯·貝林與綠生農場
03 南山溪與眉溪匯流處

|社|區|風|貌|

從人止關到眉溪溪畔

　　曾經被歸類為「泰雅族」的「賽德克族」，與泰雅族有著不同的語言，在2008年才獲官方正名，現今大多分布在南投縣仁愛鄉、花蓮北部山區。日治時期，賽德克族曾發生過轟轟烈烈的「霧社事件」，地點即是現今南投縣仁愛鄉；位於本鄉南豐村的眉溪部落也是賽德克族，但當年並未參與霧社事件。

　　眉溪部落原居在「人止關」附近，東眼溪與眉溪匯流處的山上，賽德克族人稱該地為「Sipo」，與日本軍打完「人止關之役」後，人口就四處分散；國民政府時期，為了就學與交通方便，遷出到原來的日本公學校位置，眉溪溪畔的這塊地方，從此稱為「眉溪部落」；後來又因為人口的增加與宗教信仰的關係，又從眉溪部落分出，遷往今天稱為天主堂、南山溪的地方，分布在台14線兩側，這三個聚落至今仍習慣統稱為「眉溪部落」。

以有機農法振興部落

眉溪部落以「南山溪」人口最多，它位於南山溪與眉溪匯流處，這裡有一座「綠生農場」，主人是曾經擔任原委會主委的瓦歷斯‧貝林（漢名：蔡貴聰），他正積極帶動南投山區的原住民發展有機農業，其中以眉溪部落參與人數最多。

二十多年前，瓦歷斯‧貝林成立「原住民部落振興文教基金會」，便在眉溪部落從事文史調查與整理的工作，直到他於2007年卸任原委會主委回到家鄉，一方面開始發想如何振興部落產業，一方面又於隔年在自己的六分農地上試辦有機自然農場；但是，2008年9月的「辛樂克颱風」，南投山區慘遭風害，土石流將瓦歷斯剛起步的農場摧毀殆盡，靠近南山溪的農田被土石淹沒，使得瓦歷斯第一年的農夫生涯就面臨挑戰。

後來，瓦歷斯‧貝林遇到創立「綠生農法」的星野忠義先生，便在2009年正式成立「綠生有機農場」，在部落推動綠生農法。瓦歷斯說：「因為部落裡大多是小農，有限的作物產量很難養活一家人，多半還要打零工維生，如果發展有機農業，並且成立一個聯合行銷平台，或許可以讓他們專心務農，又可以兼顧生態環境。」

貴人傳授綠生農法

「綠生農法」是日本微生物研究員星野忠義所創立，他發現利用益生菌來改良土壤，就可以不必灑農藥也能防治病蟲害，而且經過微生物的分解，還可以使土壤更肥沃，這樣的有機農法在日本已經行之有年。星野忠義先生於2005年來到台灣埔里做長期旅居（Long Stay），看到台灣的土地受到農藥的嚴重侵害，便將「綠生農法」帶到台灣。他於2008年來到眉溪部落，遇到瓦歷斯‧貝林，也將「綠生菌」的作法傳授給他。

瓦歷斯的「綠生有機農場」，一方面採用星野忠義教授的益生菌概念培養健康的土壤，一方面也利用各種有機質堆肥發酵成有機肥來補充土壤營養，使他的有機農場現在成為綠生有機農法的重要示範農場，許多國內外人士都前來參觀學習。

資深農夫以綠生搶救土地

「綠生有機農場」成立之初，瓦歷斯‧貝林找了一位資深農友來協助管理，他是眉溪部落的王萬全。王萬全從1987年退伍之後，就以慣行農法管理自家的茶園，在原住民農友不習慣做防護的情況下，到了第六年，他一打農藥就頭暈，第七年，開始轉成嘔吐，第八年，他決定不再種茶，改種茶葉，因為

種菜每三天就要打一次農藥，即使收成之前也是如此，而茶葉一個月只要打藥兩次，對健康的危害相對較小。

王萬全說：「以前種菜打農藥，才打完三天，農藥都還沒退，就直接送到市場去賣，不但對自己的身體不好，也害到消費者；當蔡主委找我要一起做有機時，我就答應了。」王萬全因為很會種菜，所以被瓦歷斯‧貝林找來當有機農場的場長，他與瓦歷斯一起學習「綠生有機農法」，農場裡的種菜、澆水、堆肥、做菌等工作，都是他親力親為，直到一年前他才跟瓦歷斯「暫辭」場長工作，因為他要回去救自己的茶園。

原來是王萬全的兩公頃茶園後來交給別人去種，七、八年下來，因為對方疏於管理，茶樹一棵棵枯

01 綠生農場的生態池
02 瓦歷斯的太太清洗甜菜根準備出貨
03 綠生農場的溫室採上下兩層種植不同作物
04 結實累累的綠生有機栽培法

01 王萬全拔除茶園裡的雜草
02 王萬全的茶園已經恢復生機
03 王萬全的有機茶園位居山中一隅

萎，整片茶園的茶樹變得稀稀落落，枝殘葉黃，他趕緊把茶園收回來自己管理，使用綠生菌、液肥、有機肥等，一年後終於讓瀕危茶園死而復生，現在已經採收多次，這樣的成果讓更多農友看到綠生農法的效力。王萬全也語重心長地說：「台灣土地已經面臨浩劫，農藥、除草劑、化肥真的不能再用了！」

輔導農民有機驗證

「原住民部落振興文教基金會」除了聘請老師到眉溪部落教授「綠生有機農法」之外，為了減輕農民的有機驗證費用負擔與繁雜的申請手續，也幫前來學習的仁愛鄉農民做「團體驗證」的工作，目前取得有機轉型期驗證通過的共有13位，其中以眉溪部落的7人為最多，約有9公頃；除此之外，眉溪部落也於2010年成立「眉溪有機蔬菜產銷班」，班長就是王萬全先生，班員現有52人，其中有11人已通過轉型期驗證，面積大約16公頃；另外還有一群同樣受到「綠生有機農法」洗禮的眉溪農友，他們雖然還在單打獨鬥當中，但是在「益生菌」的概念下，都知道如何善待土地、善待自己與消費者的身體，這些農友大約有50~60人，他們也都漸漸放棄害人害己害生態的慣行農法，使眉溪部落也漸漸以「有機」打開知名度。

互助合作共創商機

另外，瓦歷斯‧貝林以其在「儲蓄互助協會」的多年經驗，認為必須以集體互助的力量來達到共生共存的社會型態，取代資本主義中競爭激烈的世界，所以希望可以成功整合小農共同發展有機產業，這樣才可眞正幫助到部落的農民；另一方面，他也認為生產者與消費者之間應該建立一個共生的平台，以分攤風險的方式，共同解決食安問題，讓消費者了解生產過程，並直接向農夫購買，也讓生產者安心種出健康食物，不用擔心銷路問題，這樣不但能確保農夫健康管理自己的土地與作物，也讓消費者吃得安心，這有賴於對雙方的教育。

因為有上述的理念，瓦歷斯‧貝林正在做兩者串連的工作，一方面教授農夫有機農法，一方面也將消費者帶到農場來參觀。他除了以基金會名義申請經費補助，好將綠生有機農法教授給農民之外，他的「綠生有機農場」也幫忙這些農民做行銷，通路包括有機物流商、有機店面、民眾宅配等等，未來，他希望可以成立一個類似「合作社」的單位，利潤與農友共享，好讓有機產業可以更穩定，也更永續。

結合生態與文化的有機之旅

基金會也透過人力培訓計畫，培訓多位蝴蝶解說員，因為南山溪谷是台灣重要的蝴蝶生態區之一，據調查，台灣的四百多種蝴蝶當中，在南山溪谷就可發現兩百多種，其中還有五十多種特有種，每年春暖花開的季節，是蝴蝶最多的時候，牠們從南山溪上游的夢谷瀑布沿著溪谷往下飛到南山溪部落的有機農場，與蝴蝶、螢火蟲等等一起成為健康土地的指標。

01 社區內種植多種蜜源植物以吸引更多蝴蝶逗留
02 蝴蝶生態解說員吳克信

以重建部落文史為最初任務的「原住民部落振興文教基金會」，也在三年前開始找回賽德克族的傳統祭典，例如：年祭、播種祭等，並且在南山溪部落建造賽德克族的傳統家屋與穀倉，將來也計畫在原生部落「Sipo」建造傳統屋，讓前來參訪的遊客，在認識有機農業、蝴蝶廊道的同時，也能瞭解賽德克族的傳統文化。

無獨有偶的，一向熱心公益的王萬全夫婦，也提供自己的土地，設立「伊娜傳統編織產銷班」，由王萬全的太太——江嬌媚——來自苗栗的泰雅族人擔任班長，請部落老人家教授傳統的編織方法，還有一片狩獵體驗區，讓遊客瞭解賽德克族的狩獵陷阱製作，以及傳統射箭體驗，讓眉溪部落的參訪行程，兼具產業、生態與文化，充分瞭解賽德克族人對現代與傳統的有機理念。

01 南山溪與眉溪匯流處
02 江嬌媚導覽賽德克族住家的內部
03 王萬全導覽賽德克族的狩獵陷阱

|有|機|寶|貝|農|民|曆

1月　2月　3月　4月　5月　6月　7月　8月　9月　10月　**11月**　**12月**　**全年**

11～1月
咖啡

茶葉：眉溪部落
的茶葉以高山烏
龍茶為主。

彩椒、青椒：
目前台灣的高
冷地一年四季
均有栽培，彩
色甜椒產期12
到5月，青椒6
到9月。

蔬菜：部落裡的
有機耕作採「綠
生有機農法」。

↑咖啡

↑茶葉

↑小黃瓜

↑青椒

↑彩椒

↑玉米

↑甜菜根

主要作物：
蔬菜（四季）、瓜類（四
季）。

次要作物：
茶葉（四季）、咖啡（11～
1月收）、水果。

農特產品：
茶葉、咖啡。

特殊生態：
蝴蝶。台灣的四百多種蝴蝶
中，南山溪谷就可發現兩百
多種，其中有五十多種特有
種，每年春暖花開之季，是
蝴蝶最多的時候。

↑南山溪谷是有名的蝴蝶廊道

[01] 眉溪

眉溪沿岸是賽德克族的生活領域之一，台14線一大段沿此溪而築，在人止關附近與東眼溪會合，上方是眉溪舊部落所在地，到了南山溪部落又與南山溪交匯，再往下游就是烏溪，也就是台中與彰化的界河——大肚溪。

[02] 人止關

位於台14線74.5K附近，為埔里通往霧社的必經之地，也是過去原漢之間的界線，因為眉溪流經此處造成深邃的峽谷，地勢形成天然屏障，清朝政府曾明令禁止漢人止步於此，因而得名「人止關」。

日治時期的1902年，居住此處的賽德克人，也以其天險的有利位置，成功抵抗日軍的侵犯，史稱「人止關之役」；之後日軍對霧社山區進行資源封鎖，又派兵進攻原住民部落，賽德克族因不敵日軍而降服，但也在1930年發生可歌可泣的「霧社事件」。

「人止關」峽谷上方即是眉溪部落的原鄉，「原住民部落振興文教基金會」預備在此建造賽德克族的傳統屋，以追溯祖先歷史。

[03] 夢谷瀑布

穿過南山溪部落沿著南山溪往上遊走，就會來到「夢谷瀑布」，因為這裡無汙染的環境，以及多樣的蜜源植物，使夢谷瀑布與南山溪谷成為「台灣三大蝴蝶谷」之一（其他兩地是：高雄茂林黃蝶翠谷、屏東美濃紫蝶幽谷），有超過兩百種的蝴蝶在這裡被發現，不同時節有不同的蝴蝶出現，其中以五到七月的數量最多，上千隻蝴蝶在這裡翩翩飛舞、吸食花蜜，或在溪邊飲水，甚為壯觀。

![人文與生態導覽地圖]

[04][05] 賽德克族文化區

在南山溪部落後方往夢谷瀑布的途中，有一間賽德克族的傳統半穴屋，是「原住民部落振興文教基金會」計畫興建，地主王萬全無償提供土地所完成。此屋高度比真正的傳統屋稍高，避免遊客參訪時，頭部容易撞到門楣，其餘大多仿照傳統工法，讓已經消失八十年的賽德克族半穴居，重現世人眼前。

此半穴屋四周牆壁下半部以石塊堆砌，上半部以木頭堆砌，屋頂則蓋以白茅草，整間結構不用一根釘子，全以黃藤綑綁而成。屋牆還可見到防衛用的槍孔，屋頂兩側則有排煙用的通風口。屋內陳設有火塘、烤火架、蘆葦床、苧麻編織物、木鋤頭、石杵等，展現過去賽德克族人的家屋擺設與生活器具。若配合導覽行程，可以更了解屋內陳設的各種意義。

家屋旁邊還有一間穀倉，以木頭與樹皮搭建而成，展現賽德克族的文化特色。另有一間「伊娜傳統編織產銷班」的教室，是部落婦女學習傳統編織的地方，遊客也可在此體驗傳統編織；班長江嬌媚女士還在一旁種有苧麻，讓年輕人也可以學習傳統絲線的製法。家屋上面還有一片「狩獵體驗區」，展示各年代的狩獵陷阱，遊客也可在此體驗傳統射箭。

南投縣仁愛鄉眉溪部落人文與生態 導覽散步地圖

諮詢窗口

■ 原住民部落振興文教基金會
南豐村中正路90-5號
瓦歷斯貝林，0928-609899
■ 眉溪有機蔬菜產銷班
王萬全，0935-058112

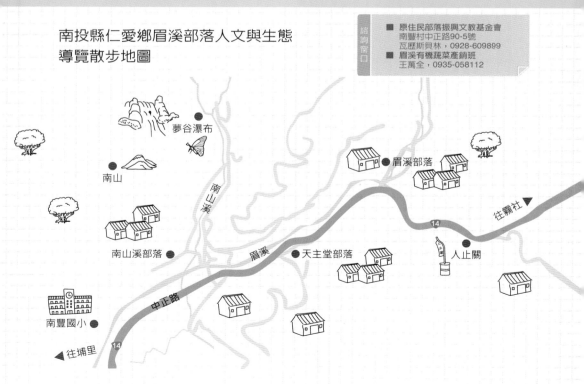

夢谷瀑布

南山

眉溪部落

往霧社 ▶

14

南山溪部落

眉溪　　天主堂部落

人止關

中正路

南豐國小 ●

◀ 往埔里　　14

021

Changhua

彰化縣
溪州鄉
尚水整合區

|敲|門|磚|

■ 濁水溪為台灣中部帶來肥
沃的土地，也灌溉了一畝
畝良田，使彰化縣自古以
來就是農產豐饒之地，近
年溪州鄉在當地團隊「溪
州尚水」的帶領下，農民
種出安全健康的稻米與果
樹等作物。

01|02

| 社 | 區 | 風 | 貌 |

莿仔埤圳灌溉出良田

　　台灣最長的河川——濁水溪，從合歡山往西疾速奔馳，匯集多條溪流之後，從二水流出山地，形成沖積扇平原，北為彰化、南為雲林，再從大城、麥寮流入台灣海峽。由於山上的岩層容易受到雨水沖刷而侵蝕，使溪水夾帶大量泥沙，長年混濁，因而得名「濁水溪」；卻也因為泥沙中的大量礦物質，使這片沖積扇平原土質肥沃，尤其在兩百多年前開始引濁水溪開鑿多條圳道之後，培育出連日本天皇都愛的「濁水米」。

　　位在濁水溪北岸、彰化縣南邊的溪州鄉，因為是濁水溪支流所形成的沙洲地，所以名為「溪州」，曾是巴布薩平埔族的棲居地，後來逐漸有漢人移居。西元1901年（明治34年），日本政府引用濁水溪水開鑿出「莿仔埤圳」；1909年（明治42年）又有林本源家族在這裡設置糖廠，並在1911年興築濁水溪堤防，使這片原本容易被溪水氾濫成災的沙洲有了改善，也使更多移民沿著莿仔埤圳而居，並且灌溉出一畝畝良田。

在地組織帶動農村人文氣息

　　由於濁水溪帶來大量的養分，使肥沃的溪州鄉土地一直都有很好的農地利用，這裡以稻田與果樹為大宗，但大多採用施灑農藥與化肥的慣行農法。2011年，在地作家——吳音寧小姐，因為她的堂哥黃盛祿初任溪州鄉長，她也在鄉公所擔任秘書一職，希望對溪州能有一些良善的作為，她首先對溪州鄉托兒所的營養午餐進行「在地食材」計畫。過去承包商為了節省成本，許多食材都是加工品，對成長中的幼童不是很好，所以她要求新的承包商必須尋找溪州鄉當地安全食材，也就是農民必須盡可能放棄農藥與化肥，使種出來的作物較健康，對學童身體也較好，後來這業務就交給應運而生的「溪州尚水友善農產公司」。

01

01 圳寮村友善田區
02 溪州尚水辦公室
03 野放的梨子園內生產出「黑皮梨」

「溪州尚水」是由「莿仔埤圳產業文化協會」的主要成員所組成，這是一個溪州鄉在地組織，關心當地的文化發展。2011年，協會發現溪州村復興路的巷口有家荒廢已久的日式旅社，便連絡上屋主，希望承租來整理成藝文場所，屋主陳義順樂見於老屋的新生，因而願意無償提供給協會做非營利使用，於是團隊不僅有了一處辦公室，也在這裡不時舉辦藝文展覽、電影講座等活動，已成為溪州鄉人文匯集之處。

友善耕作逐漸展開

2012年，協會又發現有座廢棄兩年的梨子園要出租，老園主卻心疼他種植15年的梨子樹會被砍掉，於是協會向老園主租下這塊九分地，並且放棄過去的慣行農法，讓梨子自然生長，與鳥兒們快樂地共生共存，這裡就取名為「梨享樂園」，種出來的梨因為表皮呈現不太好看的黑色而稱為「Happy黑皮梨」。

2013年，協會再接再厲，結合溪州鄉幾位願意從事友善耕作的農友，將自家水稻田統一用「台梗16號」來耕種，然後以「溪州尚水」作為品牌，成功將家鄉好吃又健康的稻米行銷出去。為了使農友獲得生活上的保障，尚水團隊採用「保價收購」的方式，每一分地無論收成多少，都以兩萬元向契作的農友收購，使願意加入的農友從最初的11人，增加到目前的22人，共有11甲半友善水稻田，其中以圳寮村最多，共三甲半。

生態導覽與農事體驗

　　圳寮村除了有最多的友善水田之外，還有一片兩甲的「生態復育基地」，這是吳音寧的父親，也是台灣知名詩人——吳晟，他將家裡的稻田改種台灣原生樹種而成的森林，經過十多年的復育，這裡已經蘊含了豐富的生態，也帶動周遭農民加入友善農法與平地造林的行列，使這一帶生氣盎然。

　　尚水團隊也與多位生態專家合作，替遊客做生態導覽解說，其中包括農委會特有生物中心的研究員，以及大學生態系所的研究助理等，將遊客帶到「生態復育基地」來認識各種生物，也藉機讓遊客了解生態與生活的關係。同時，團隊也將遊客帶到梨園或稻田，讓稻田主人親自教授農事技巧、分享耕作經驗；而梨園主人也會親自教導志工及溪州尚水的員工們，如何種出好吃的梨子，讓粗梨、水梨等品種，能既專業又健康地呈現在消費者面前。

01

在地農夫的土地革命

　　溪州尚水米的農友之一——陳元振，是新加入友善耕作的農夫，曾經在台北待過五、六年，做的是自行車零件，後來回到家鄉——溪州大庄村，除了繼續做自行車零件之外，也在自家與舅舅的農地上種草皮維生。2012年開始在濁水溪畔租一塊5分地種無毒鳳梨，提供知名廠商製成鳳梨酥，他不喜歡用農藥、除草劑，認為太傷身，對消費者也不好，所以先對鳳梨田以有機肥和雞糞翻土，之後任其自然生長，不催熟，也盡量不放化肥，一年雖然只有兩收，但是對自己種出來的鳳梨很有信心。

　　隔年，陳元振接受吳音寧的建議，又在舅舅的四分多農地上種植無毒水稻，只使用尚水公司的有機肥；兩年後，在水田裡發現水雉等鳥禽在自己的田裡築巢下蛋，給他很大的鼓舞。雖然以自然農法種出來的水稻只有慣行農法約一半的產量，但是尚水公司的保價收購制度讓他可以放心繼續種，也希望自己的友善耕作方式可以擴及到他周遭的水田，讓大庄村農民一起來種安全健康的稻米，利己又利人。

01 圳寮村生態基地與無毒水田
02 圳寮村生態基地
03 農友陳元振的鳳梨田
04 陳元振的水田自然長出的藻類可涵養水源

　　彰化縣有許多歷史悠久的城鎮，過去也是農產豐饒之地，但是近年工業發展迅速，逐漸侵蝕了一塊塊肥沃的土地，使生產的作物開始出現危機；幸好有一批愛鄉愛土的有志之士，共同捍衛這塊土地，制止了高汙染產業的進駐，也制止了「中科四期」科技園區的圳道搶水計畫，使這片土地能以更友善的方式來永續農村價值。

01 差點被攬水去工業區使用的莿仔埤
02 陳元振在自己的水田中發現水雉蛋
03 陳元振的水田中有水雉漫步其中

有│機│寶│貝│農│民│曆

1月　2月　3月　4月　5月　**6月**　**7月**　**8月**　9月　10月　11月　**12月**　全年

6、12月稻米收成：台灣西部地區的稻米一年大都可兩穫，溪州地區也不例外。

採收後的鳳梨送到廠商的加工廠製作成鳳梨酥。

野放梨子園內的黑皮梨。

向水團隊經營的梨子園原本任其野放，其貌不揚，外皮呈現黑色，故有「黑皮梨」之稱，但經園主指導後，現在已經有了改善。

友善耕作之後的稻田可以發現水雉等生物。

↑再一個多月就可以收成的稻穗

↑部分鳳梨田也採友善耕作

↑梨子園內的黑皮梨

↑溪州特產「尚水米」

↑進行水田生態復育計畫的稻田

🌽 **主要作物：**
稻米（6月、12月收）、梨子（7～8月收）。

🌽 **次要作物：**
蔬菜、鳳梨。

🌽 **農特產品：**
尚水米。

🌽 **特殊生態：**
水雉、黑冠麻鷺、彩鷸、台灣鼴鼠、金黃鼠耳蝠。

↑生態友善，水雉來下蛋

人文與生態導覽地圖

[01] 莿仔埤圳

日治時代在溪州引濁水溪水開鑿了這條圳道，是台灣第一條官設水圳，也是彰化縣繼「八堡圳」之後的第二大灌溉系統，灌溉彰化縣西南地區18,850公頃農田，包括溪州、埤頭、二林、芳苑、北斗、竹塘、大城等村落，幹線全長39公里、支線211公里、分線148公里，與溪州的發展密不可分。

2011年，中部科學工業園區第四期二林園區，擬引莿仔埤圳的水作為工業用水，引發當地農民不滿，多次北上抗議，終於暫時擋下引水計畫。

[02] [03] 成功旅社／農用書店

這棟日式房子現在是「莿仔埤圳產業文化協會」與「溪州尚水友善農產公司」辦公室所在地，也是「尚水米」展售處與「農用書店」。最初這房子只有一層樓，1921年落成時，這裡是「養眞醫院」，歇業後曾改為百貨行，之後又轉手成為「大林旅社」，並在此時增建第二樓。

1956年轉手給現在的主人——陳義順的父親陳萬成，並改名為「成功旅社」，正好經歷了溪州最風光的年代。當時的溪州擁有4間旅社、8間茶室、2間戲院，商人、旅客絡繹不絕，戲班子、小販也在此聚集。近年一部描述戰後初期小人物故事的電影《沙河悲歌》，曾借「成功旅社」作為拍攝場景，現又成為「農用書店」等用途，眞是老屋活用的成功案例。

[04] [05] 溪州森林公園／前溪州糖廠

日治時代的台灣富商——林本源家族，在日本政府的安排下，於1909年成立「林本源製糖合名會社」，糖廠就設在溪州村內，當時的蔗田從溪州延伸到彰化沿海，沿路鋪設五分車軌。日本戰敗後，糖廠由台糖接收，改稱「溪州糖廠」，仍繼續製糖。

1954年，溪州糖廠被併入溪湖糖廠，台糖總公司部分處所遷至溪州，廠房改建為辦公室，台糖員工訓練所也在此處，使溪州村人口大增，南州國小、戲院、市場、茶室、旅社等都在此時成形，直到1970年，所有處所遷回台北，才結束這段繁華年代。

1980年代開始，台糖公司大量出售土地，蔗田上長出樓房，廠房及四周則納歸為鄉公所產權。因為這裡也是彰化縣老樹最密集之處，遂於2010年改建成「溪州森林公園」，而糖廠故事就留給園區內的五分車軌道與重建的月台去訴說。

[06] 溪州花博公園

彰化縣政府為舉辦「2004年台灣花卉博覽會」，將原來26公頃的溪州公園，結合周圍的苗木區和70公頃的森林區，成為廣達123公頃的「花博公園」，為台灣平地最大的公園，是台北大安森林公園的4.7倍。花博落幕後，彰化縣政府又將這裡命名為「費茲洛公園」，以澳洲墨爾本的費茲洛公園為藍圖，運用彰化縣本土特有的花卉、苗木等資源，希冀打造彰化縣成為一座綠色城市；但使用一個與本土文化不相干的外來名稱似乎欠妥，引起部分民眾要求改名。

人文與生態導覽地圖

[07] 三條圳派出所

三條派出所是全台唯一沿用日式建築至今的派出所，前身爲成立於昭和2年（1927年）的「潮洋厝警察官吏派出所」，原位於潮洋村潮洋國小西側，於昭和8年（1933年）遷至三條村現址並重建，日治時期稱爲「三條圳警察官吏派出所」。

三條派出所用地原屬三條圳聖母會所有，最初管理人爲三條村的廖蟒蛉，他曾同意以無償方式供派出所永久使用，但後來土地所有權人歷經轉換，現今地主於民國81年開始追討土地，告上法院要求拆屋還地，法院判決地主勝訴之後，三條派出所面臨搬遷以及廳舍保存問題，經鄉長黃盛祿的努力，三條派出所於2010年6月公告爲縣定古蹟而得以保存。

三條派出所廳舍主體結構採上等檜木建造，是國內少數保留完整的純日式建築，被形容爲「彰化縣最美的派出所」，歷經921大地震（1999年）後，主體結構仍完好。三條派出所旁有一棵壯碩高大的老芒果樹，據當地耆老所述，約爲1933年所植。

[08] 鳳凰花隧道

大庄村綠筍路因兩旁農田種植綠蘆筍而得名，2000年的鄉長爭取中央經費，在道路兩旁種植鳳凰花，成爲綠色隧道，每年到了五、六月，火紅鳳凰花開時，又成爲紅色隧道。

彰化縣溪州鄉人文與生態導覽散步地圖

諮詢窗口 ■ 溪州尚水友善農產公司 溪州村復興路50號 電話：04-8891262

022

Chiayi

嘉義縣
阿里山鄉
瑪納輔導區

|敲|門|磚|

■ 阿里山是曾文溪的源頭，
也是鄒族的故鄉，在輔大
天主教神父的輔導下，成
立一個名為「瑪納」的組
織，努力學習有機農法，
兼顧環境保護與農民生
計，成功為原住民部落的
有機產業立下典範。

01 雲霧中的樂野部落
02 流經阿里山鄉的曾文溪支流之一的米洋溪
03 瑪納阿里山分會會長湯進賢正在整理自家種的愛玉

|社|區|風|貌|

阿里山的有機起源

　　名聞海內外的「阿里山」，是鄒族的故鄉，也是嘉南平原的重要溪流——曾文溪的發源地，阿里山的八大鄒族部落中有七個都沿著曾文溪或支流而居，它往西南流出嘉義縣之後，在台南有了全台最大的曾文水庫，提供灌溉、民生、工業等用水，這樣的地緣關係，使阿里山發展有機無毒農業，有了更積極的意義。

　　曾任嘉義縣議員的阿里山樂野部落鄒族人湯進賢（Voyu）先生，現為「瑪納有機文化生活促進會嘉義分會」的會長，談起阿里山幾個部落發展有機農業的淵源，他說：「最初是輔大的一位印度藉神父——鄭穆熙，與其助理陳雅楨小姐，大約於2003年到阿里山的鄒族部落進行環保宣傳，希望原住民藉由垃圾分類及回收，改善住家環境，也籌措教會經費。到了2006年，鄭神父及陳助理又將南投信義鄉公所教導民眾用廚餘做堆肥的方式引進阿里山，讓我們學到利用液肥來改善土壤品質，兼顧農業

01 02

與環境，重建人與土地的關係，也讓農民獲得健康。」當年，樂野部落便決定與鄭神父合作成立「瑪納有機文化生活促進會」，在阿里山推動有機農業，以新北市新莊爲總會，阿里山則成立分會。

　　「瑪納」有兩個含意，一個是聖經裡的解釋：「天主在曠野賜予以色列人的一種甘甜可口的食物」，一個是取鄒族的話：「拿去吃」，有「一起享用」的意思。於是，「瑪納」便以阿里山鄉爲起點，推動原住民部落發展有機農業，以不開發新農地爲原則，不僅友善環境，又同時照顧到農民的經濟；後者還得歸功於2007年成立的「光原社會企業」，以「保價收購」的方式給予農民生活保障，成爲瑪納農產品的行銷與物流中心，將瑪納農民所生產的各項農特產品，銷售到北部地區，有賣場、有企業、有個人，目前所生產的作物已經到了供不應求的地步。

從失敗到成功的有機之路

　　但一開始瑪納也不是那麼順利的，從2006年成立的「瑪納阿里山有機產銷班」班員人數來看，一開始加入的農戶有四十多戶，到現在的21戶，顯然有很多農民等不到開花結果就已經退出了。湯會長說：「最初我們對有機農業的技術完全不懂，摸索了很久而造成很大的損失，許多農民有經濟上的壓力，便紛紛退出；尤其到了2009年的『八八風災』時，許多圳道、蓄水池都被破壞了，我們更是受到嚴重打擊。所幸有很多單位，包括佛教團體也來幫助我們重建，公部門也請專家來指導我們有機農法，使現在的瑪納農戶都已經有了穩定的銷

路。」

　　瑪納阿里山農民分散在各個部落，包括縣道169的樂野、達邦、特富野、里佳，以及縣道129的山美、新美等村，已經通過驗證的瑪納有機園區面積已經達到近100公頃；其中，以達邦村的有機面積最多，有50公頃，樂野村次之。作物則以竹筍、茶葉、咖啡占大宗，其他也有蔬菜、愛玉等。瑪納農戶除了買現成的有機肥之外，也自己做堆肥，將一些廚餘、農業廢材做妥善利用，同時也有自己的育苗場、理貨場、製茶場等。

　　瑪納不僅在阿里山鄉有了豐碩的成果，還希望將這成功經驗推向各個原住民部落，目前南投縣的信義鄉、仁愛鄉也都有瑪納成員。湯會長說：「以前我們受人幫助很多，現在我們有能力就要回饋；而且自己要先做好，資源自然就會進來，不要一開始就尋求補助，這樣很容易養成依賴性。」

有機耕作的艱辛與豐收

　　已經當了四年的「瑪納阿里山有機產銷班」班長的楊孝明（Avai），是一位退役軍官，他在2008年加入瑪納，因為認同瑪納友善環境的理念。他說：「在我小時候，化學農藥還沒有進入山區之前，那時候到處是蚯蚓、螢火蟲、蜻蜓、青蛙等等。我小學畢業就離開山上到都市去，之後當了二十多

01 樂野部落的風災後永久屋
02 瑪納理貨場
03 用誘蟲沾粘的方式防蟲害
04 跟咖啡樹一起生長的龍鬚菜與佛手瓜

01 楊孝明與他栽種的烏殼綠筍
02 楊明孝的烏殼綠筍覆蓋塑膠布以防變黑
03 楊梅花的有機番茄香甜可口
04 楊梅花與她的有機溫室

年的軍人，2006年退役後，隔年回到山上種生薑，就已經不使用農藥，但收成幾乎是零，我便開始思索原因。以前我家的土地租給別人種花，他們長年使用大量農藥和化肥，使土質變酸，下雨時很黏，乾旱時容易龜裂，土裡一隻蚯蚓也沒有，土地的健康已經遭到嚴重傷害，使我的有機耕作遭遇三年的失敗。」

楊孝明加入瑪納之後，認真接受有機課程的訓練，盡全力去改善土壤品質，使現在的土壤酸鹼值已經接近中性。楊班長說：「健康的土壤裡面含有很多有機質、微量元素，自然而然就可以防治病蟲害。有人說，台灣的土地現在已經到了進入加護病房的階段，如果繼續下去，將是一場很大的生態浩劫，所以現在我很樂意到各鄉鎮去教導有機耕作，覺得自己是義不容辭。」但面對有機耕作的困難，楊班長也不諱言地說：「我常說『有機』等於『有譏』和『有飢』，一開始做的時候要忍受別人的譏笑，還要忍受三年的飢餓，捱過了才可能成功。」

農地在山美部落的楊班長，自己種了一片很大的竹筍園，有綠竹筍、烏殼綠竹、麻竹筍等，也輪種一些其他作物。他說自己的土壤是有彈性的，生態已經回復到以前小時候的景象，而這些已經平衡的生態，也會幫助他的農作物避免蟲害，減少有機資材的使用。他也經常勸服其他還未加

入有機行列的農民，告訴他們使用農藥對土地的不好，給他人食用有農藥的作物更是害人；而對於很多農民「見雜草必除」的習慣，他更是以專家的角度來說服他們：「雜草只要不高過作物，對水土保持反而是相輔相成的，既可以涵養水土，又可以利用生物鏈來防治病蟲害。」

為了健康堅持有機耕作

擔任瑪納產銷班副班長的楊梅花，與她丈夫一起在達邦種了5公頃的有機農地，包括兩公頃的茶園，和一些竹筍、番茄、高麗菜等蔬菜，也有一個生態池。談起當初加入瑪納的原因，她說：「以前我和先生種了十幾年的慣行，噴了不少農藥，尤其是茶園，結果我先生的肝出了很大的問題，於是我們決定加入瑪納的有機行列。」他們在2008年加入瑪納之後，同樣遇到前三年的挫折，以務農維生的他們一度想放棄，但一想到健康問題，就又繼續做，也找了很多有機資材與方法，讓他們的收成漸入佳境，現在的利潤甚至比以前要好一些，更重要的是，賺到了健康。

楊梅花還說：「以前剛種有機時，都不太敢出門，因為鄰居看到我們的田，都會嘲笑我；而且我一看到葉子被蟲咬就會很緊張，想盡辦法要除蟲。」後來，楊梅花慢慢習慣了葉子有蟲這件事，還在田邊留了很多草給蟲吃，也挖了一個生態池養青蛙吃蟲，讓生物間產生

04

自然平衡；而鄰居看到他們現在的成果不但不再嘲笑，還紛紛跟著用有機資材來除病蟲害。楊梅花說：「我看到鄰居種豆子灑了很多農藥，連收成之前也在灑，就主動告訴他們可以使用有機資材來取代有毒的農藥，他們用過也都覺得很滿意，雖然噴灑次數較多、較費工，但是材料費不會比較貴，又比較健康、安全。」

01 湯勝福的有機茶園
02 湯勝福的有機咖啡
03 浦秀鈴與她的咖啡園

阿里山有機高山茶

除了蔬菜類，瑪納農友也對阿里山的名產——茶葉，堅持在種植過程中不施灑農藥，茶園在特富野的湯勝福便是其中之一。湯勝福說：「以前我種茶也是採用慣行，十幾年下來把身體搞壞，經常因為灑農藥而去打點滴，後來決定放棄農藥而改種有機。」但他一開始使用未經處理好的廚餘來施肥，讓他慘賠了三、四年，茶樹死了很多棵。湯勝福於2009年加入瑪納，使用瑪納教導的有機資材與方法，已經有了很大的改善，並在2011年取得有機驗證通過。

雖然湯勝福的有機收成量仍只有以前慣行的一半，但他說：「賺到了健康」，就連以前討厭的蟲害問題，湯勝福也用樂觀的態度面對，經常對蟲說：「拜託蟲少吃一點，有留給我最好，沒有就算了。」甚至利用被小葉綠蟬咬過的茶葉做成蜜香紅茶，跟蟲成了好朋友。他說：「現在生態是我的檢視器，如果有農藥，就沒有這些蟲、蜻蜓及青蛙。」湯勝福除了種茶之外，也種咖啡、竹筍、紅肉李、愛玉，全都是採有機農法栽培，他的咖啡在特富野算是種得很早，現在收成也都交給瑪納銷售。

阿里山近幾年種咖啡的風氣盛行，利用高山的獨特氣候，種出有別於其他低海拔的咖啡豆，二十多年前就開始種咖啡的浦秀鈴便說：「阿里山因為日照較少，種出的咖啡豆較結實，煮出來的咖啡香氣也較濃厚。」同樣種了很多咖啡的瑪納分會長夫人石月美女士也說：「阿里山的咖啡喝起來會回甘。」也由於高山的蟲害較少，使有機咖啡在阿里山的種植顯得簡單許多，除了放有機肥、除草之外，幾乎不用什麼管理，這或許也是越來越多人在阿里山種咖啡的原因，所以瑪納對咖啡農友也開設了一些課程，教導他們如何晒製、烘焙咖啡豆，以及煮出一杯既好喝又好看的咖啡。

部落與生態導覽

瑪納的有機作物不僅已經成功打入市場，契作保障了農民的收入，他們也將有機生活參入了生態與部落的導覽行程，讓來到阿里山的遊客，不僅是觀賞日出、神木、鐵道等等制式的旅遊行程，還可以進一步到鄒族部落參訪，體驗生態與文化結合的樂趣。

剛到瑪納任職「專案經理」的武素琴也是在地鄒族人，她說：「瑪納在新北市的總會希望阿里山這邊將來可以盡快獨立作業，所以去年找我進來這工作。我們希望除了繼續推廣有機農業之外，也可以成立社會企業，在阿里山地區將整個有機行程做更有規劃的安排，包括部落與生態導覽，所以從今年

開始也培訓了幾位年輕導覽解說員。」

才剛退伍的楊柏安（Basuya），先在瑪納理貨場工作一年，於2014年4月加入第一批導覽解說員的培訓，現在已經帶過幾個學校機關團體，將來也會在旅遊中心接待散客。他說：「瑪納現在除了有生態與部落文化導覽之外，也進行過打工旅遊、山林廚房等活動，讓遊客動手參與農事、採野菜、做木製餐具等，並且自己做特色午餐。」

觀光資源豐富的阿里山，更有許多生態導覽路線，例如：樂野村的「迷糊步道」、「亞烏瑪斯步道」，以及達邦村的「鳥占亭步道」、「特富野步道」等，在瑪納導覽員的帶領下，這些生態步道都與鄒族文化做連結，讓眼前所見更充滿了文化意義與神話想像。

最初是為了環保與籌措教會經費，一群教友與在地鄒族人無意中發展出有機農業，「瑪納」不僅解決了環境問題，也因為成功的銷售模式而解決了中間商剝削的問題，並利用互助基金所發展出的「微型貸款」來解決原住民農友財力不足而無法增添設備的問題，使許多受訪的農友都對瑪納與光原團隊都心存感激，並且抱持回饋的心要將這套成功模式傳授給其他原住民部落，這種人與人之間的互助與信任，是拜訪阿里山瑪納農友最讓人感動的地方！

01 生態導覽員楊柏安帶領走鳥占亭步道
02 晴天時的樂野村
03 達邦橋與曾文溪

有|機|寶|貝|農|民|曆

| 1月 | 2月 | 3月 | 4月 | 5月 | 6月 | 7月 | 8月 | 9月 | 10月 | 11月 | 12月 | 全年 |

3～10月綠竹筍：多年生常綠植物的綠竹筍，身桿中空有竹節，其莖所生長的嫩芽即爲可食用的筍。

4～6月石篙筍：每年4到6月雨季後就冒出頭的石篙筍，形狀外觀和桂竹筍很相似。

8～10月麻竹筍

9～11月愛玉子

烏殼綠竹：烏殼綠竹是綠竹筍的變種，因爲其籜有淡綠黑色的毛，所以又稱爲烏殼綠竹筍。

茶葉、蔬菜、椴木香菇

10～3月：阿里山近幾年種咖啡的風氣盛行，由於利用高山的獨特氣候，風味有別於低海拔咖啡。

↑愛玉與愛玉子

↑麻竹筍

↑特產醬筍

↑咖啡樹

↑烏殼綠筍

↑茶葉開花

🌀 **主要作物：**
石篙筍（4～6月收）、綠竹筍（3～10月收）、麻竹筍（8～10月收）、烏殼綠竹（四季）、茶葉（四季）、咖啡豆（10～3月收）、蔬菜（四季）。

🌀 **次要作物：**
愛玉（9～11月收）、椴木香菇（四季）。

🌀 **農特產品：**
醬筍、茶、咖啡。

🌀 **特殊生態：**
動物：鷹、藍腹鷴、藍鵲
植物：葛藤（止血、止腹瀉）、腎蕨（莖可止渴）。

↑葛藤

人文與生態導覽地圖

[01] 迷糊步道與福山古道

入口有兩處，一處位於台18線66k處，一處位於阿里山鄉公所對面，原稱「米洋溪步道」，全長約2.4公里，因為取「米」、「湖」諧音，就更名為「迷糊步道」。從阿里山鄉公所的這個入口，不遠即見一座「樂米吊橋」橫越溪谷，步道沿著溪流前進，一路可聽見潺潺溪水聲。

迷糊步道在「福山吊橋」處可連接「福山古道」，是過去樂野部落通往福山、達邦部落的要道。目前米洋至福山一段的路況良好，長約1.8公里，位在海拔1000~1400公尺的森林與溪谷中，沿途動植物景觀豐富。

[02] [03] 雅吾瑪斯步道/古道

位在樂野部落的「雅吾瑪斯步道」，全長1.8公里，是早期樂野居民下至曾文溪，再循溪谷到附近部落的必經之路；自從公路開通後，此古道已喪失交通功能，但沿途林相豐富，溪流生態也多元，還有鳥人石、戰功石、鬼樹等鄒族傳奇故事，是一條尋幽探古的絕佳路逕。

[04] 鳥占亭步道

位於達邦部落的「鳥占亭步道」，完工於2011年，全長1公里，終點為「鳥占亭」。「鳥占」是過去鄒族人出遠門打獵或打仗前的習俗，如果聽見綠繡眼的急促叫聲，代表不祥，便會取消遠行；選在此處建「鳥占亭」，是因為這裡常見「占卜鳥」的出現。步道沿途還可見高聳杉樹與農家竹林，蕨類也沿壁叢生，一路綠意盎然，旅程輕鬆。

[05] 特富野步道/古道

從達邦跨過「達邦吊橋」，分兩條路通往特富野，一條通往特富野入口牌樓，一條通往特富野部落旁，兩條長度各一公里多，是利用過去達邦到特富野的古道加以整理而成。達邦吊橋全長100公尺，底下為曾文溪，但也有說是「依斯基亞那溪」，都屬曾文溪上游。走到古道高點，可近覽達邦部落，遠眺青山翠谷，沿途鳥蹤豐富。

[06] Kuba（男子聚會所）

鄒族過去以達邦（Tapang）與特富野（Tufuya）為兩大部落，都被稱為「大社」，也各自繁衍出多個「子社」，每當二月的「Mayasvi（戰祭）」，各子社回到大社的「Kuba（男子聚會所）」參與祭典，維繫同一支脈部落間的緊密關係。

「Kuba（庫巴）」以五節芒、竹子、黃藤、原木等搭建而成，屋頂及兩側都種有鄒族神花——木檞蘭，旁邊的一棵雀榕為鄒族神樹，在祭典中有重要地位與作用。庫巴過去為鄒族男子出征取得敵首回來後，舉辦凱旋祭的地方，現在則成為鄒族人政治、信仰與文化中心，仍具有神聖地位，女人與遊客嚴禁進入。

人文與生態導覽地圖

[07] 福美吊橋與達娜伊谷新吊橋

屬於鄒族「南山」系統之一的山美部落，以「達娜伊谷」的優美景色與護魚有成而聞名，但2009年的八八風災，使山谷風貌大變，原來的吊橋也毀於一夕；兩年後，利用八八風災善款而興建的「達娜伊谷新吊橋」與「福美吊橋」同時啓用，成爲風災後的新景點。

福美吊橋是全台第三座「吊床式」吊橋，全長175公尺，橋身以鄒族的紅、藍、黑三色爲主，優美的弧形懸掛於曾文溪上方，讓人頗爲驚艷。

達娜伊谷吊橋全長228公尺，位在達娜伊谷溪匯流入曾文溪的上方，採單塔懸索式設計，一端是高30公尺的橋塔，另一端是鄒族式涼亭，橋上還有觀景區和眺望台，可飽覽達娜伊谷與曾文溪風光。

嘉義縣阿里山鄉人文與生態導覽散步地圖

諮詢窗口

● 瑪納有機文化生活促進會嘉義分會
湯進賢，0932-981898

● 瑪納社會企業／旅遊諮詢中心
武素琴，05-2561671

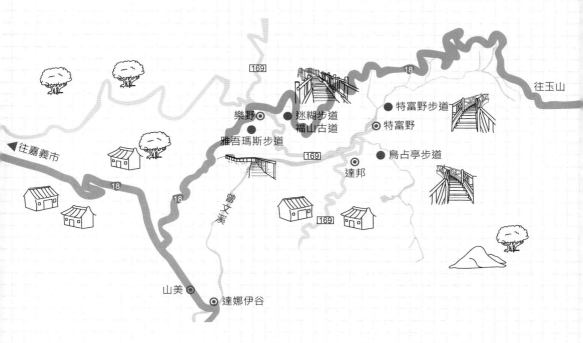

169

18

往玉山

樂野

迷糊步道

福山古道

特富野步道

特富野

雅吾瑪斯步道

◀往嘉義市

169

烏占亭步道

18

達邦

18

曾文溪

169

山美

達娜伊谷

023
Tainan

台南市
官田區
葫蘆埤

|敲|門|磚|

■ 以菱角著稱的台南官田地區，過去因施灑農藥而造成保育類水鳥——水雉的大量死亡，近年為了挽救生態，有心人士輔導農民種植有機菱角與水稻，所生產之作物因此獲得「綠色保育標章」。

01 葫蘆埤一帶因保育鳥水雉而成為國家級溼地
02 李价斌與他的生態農場
03 積極推動綠保作物的年輕農夫李价斌

▌社▐區▐風▐貌▌

明鄭時期的王田

　　位在嘉南平原的台南官田區，早在荷治時期就已被官方所開發，那時稱為「王田」，即政府的田地；到了明鄭時期，改王田為「官佃」，由文武百官招募佃農屯墾此區，逐漸形成漢人聚落，遂成為「官田庄」。

　　提到官田的農業，必須提到日本時代的一位水利土木專家——八田與一。嘉南平原本無大型灌溉設施，又有鹽害、乾旱、洪水等問題，早期

作物以旱作為主，產量也低，直到昭和5年（1930年），八田與一利用曾文溪完成「嘉南大圳」，才使得嘉南平原成為台灣的米倉之一；而官田地區，就有嘉南大圳的南幹線流經，引自烏山頭水庫的水，豐盈了這片長滿稻米和菱角的土地。

　　官田區的中山路二段（縣道176）兩側，有個叫做「葫蘆埤」的半人工埤塘，早期也是灌溉與調

洪的重要設施之一，現在則因孕育豐富生態，包含第二級保育類動物——水雉，而成為國家級濕地生態區。1980年，行政院規劃「台灣高鐵」路線，其中一段正好通過葫蘆埤，引起當地環保人士的注意，並要求政府應對水雉採取保護措施。

有機耕作保育水雉

1997年台南縣政府為鼓勵葫蘆埤一帶的農民保育水雉，開始實施「菱農保護水雉巢蛋計畫」，也就是如果農民在自己的田區發現水雉的鳥蛋，向上通報即可獲得獎金

的鼓勵。遺憾的是，2010年仍發生農民毒殺水雉的悲劇，因為這裡的農民多習慣以「直播法」培育水稻苗，但是水雉會吃掉大量的稻種，所以就有多位農民先將穀子浸泡毒藥，然後灑在田埂間讓水雉誤食，因而造成水雉大量死亡。

葫蘆埤周遭農田的水雉毒殺事件引起社會關注，隔年，一位真理大學自然資源應用學系的莊夢憲老師，他想要藉由推動有機耕作來保護水雉鳥，便從市政府那裡取得水雉築巢下蛋的通報名單，因而找到隆本里的年輕農夫——李价斌。

01

01 官田綠保作物的推動要從興建高鐵說起
02 成熟的二角菱田
03 李价斌的生態農場

李价斌是土生土長的農家子弟，退伍後就在家裡幫忙務農，父執輩跟其他農民一樣，都是採用慣行農法耕作，春天種稻、夏天種菱角。2008年，他先將家裡的一塊五分農地改做有機，因為他認為：「對環境的重視是未來必須要走的路，台灣農業必須改變」。第一年，他的有機菱角田採收量不到慣行的一成，他依然不氣餒，到處尋找方法，最後他在河邊的菱角田找到答案。

李价斌說：「我想到最早的菱角田是種在河岸邊，那裡有豐富的生態，所以想出應該利用生態環境來種植。」於是他不僅買完熟的有機肥料和各種益菌來做有機，也利用殘菱、稻梗、過期蔬果等廢材來做堆肥，讓土地得到各種不同的養分，土壤就會更健康，生態也會更豐富。他又說：「有了青蛙、水鳥、蜻蜓等動物，就會幫忙吃金花蟲、水螟蛾等害蟲，所以我們喜歡生態。」現在他的有機菱角收成量已經達慣行的一半，有機農場面積也以租賃方式擴充到9公頃。

雙重挑戰下的環保運動

2011年，想要保護水雉鳥的莊夢憲老師找上李价斌，希望他帶動當地農民一起改種有機菱角，以免數量不多的水雉鳥繼續面臨生存危機。但是李价斌清楚知道大多數農民想的不是環保這種抽象的概念，而是銷路的現實問題，所以他要求先解決通路，否則沒有把握勸服農民改種有機。於是，莊老師又找了一向致力於推動有機農業的慈心基金會，與它的通路商一起來協助葫蘆埤的農民。

先是透過地方說明會，又挨家挨戶拜訪農民，第一年終於找到七位農友願意改用有機農法耕種，全部面積約5公頃。但因為加入的農田分散葫蘆埤四周，並不是完整區域，有可能受到鄰田的農藥汙染，而不符合政府的「有機」法規，所以就改推「綠色環保標章」，以水雉為代表，成為「綠保作物」，市場價格比「有機」稍差，但農法與檢驗標準卻跟有機一樣嚴格。

種植有機菱角除了保護生態，另一方面也顧及消費者的健康，李价斌說：「因為菱角是水生植物，有淨化水質的功用，比其他陸生植物更容易吸收水中的毒物，幾乎是百分之百吸收，所以水裡放農藥就更加危險。」不僅如此，也因為有機肥與益生菌直接放入水中，容易被水稀釋，所以栽種有機菱角的成本也比一般作物要高。

這樣的重要性與困難度的雙重挑戰下，李价斌仍繼續勸服其他葫蘆埤農友一起栽種綠保菱角與水稻，一方面「誘之以利」，一方面也「道德勸說」，使2014年的綠保農田已達到15公頃。同時，李价斌也於2011年底，與幾位同具環保理念的朋友，共同成立「友善大地有機聯盟」作為行銷平台，並以「保價收購」的方式給予綠保農友生活保障，也到處尋找公資源及想盡行

01 王耀文與他的四角菱田
02 二角菱與開花
03 鄭大姐與她的有機菱角田
04 鄭大姐的菱角田雇工採收

銷策略來提供農友必要的協助。

　　李价斌說：「因為有機的利潤只比慣行多一點，而且比較費工，加上很多老農習慣噴灑農藥，不習慣看到蟲害和雜草，所以要勸服改種有機有它的困難度。但我認為要衡量農業在生產、生態、生活上的價值，不能只以利潤為導向，所以我也在『友善大地』的辦公處旁邊開闢了一座生態教育農場，讓消費者藉由認識生態的重要性，進而願意以實際行動來支持綠保有機農友。另一方面，我也嘗試對菱角、稻米加工，例如做成菱角仁真空包、有機米粉等等，不僅可以解決盛產時的滯銷問題，也可以增加消

費多樣性，如果有機的利潤更好，將會吸引更多農夫一起加入。」

綠色環保友善大地

　　第一年便加入「綠保農友」的王耀文也提到自己成為「友善大地」一員的原因，他說：「從我十多年前開始接管家業務農以來，我就不喜歡聞農藥味，也在尋求可以不用農藥的種植方法，後來因為社區在推動『綠保作物』，我就想加入試試看。」第一年，王耀文的綠保菱角收成只有慣行的三成，到了第二年，因為李价斌尋求農業改良場來輔導，現在已經達到六、七成。

1965年生的王耀文說：「現在食安問題很嚴重，得到癌症的人很多，也越來越年輕化，所以農藥問題真的很值得我們重視。種綠保有機作物，除了顧到自己的身體健康，也不會破壞土壤，還可以保護生態，所以真的很重要。」以前從事建築業的他，現在因為小孩都已經長大立業，所以在沒有經濟壓力的情況下，把務農當做休閒兼作善事，並配合「友善大地」幫訪客做生態導覽或採菱體驗，他樂在其中。

王耀文也提到有機菱角與慣行菱角的差別，他說：「菱角在收成季節時，18天可採一次，慣行菱角可採六、七次，有機菱角卻只能採三、四次，所以慣行菱角有四個月採收期，有機菱角卻只有三個月。」官田地區的菱角有兩個品種，一種是四角菱、一種是二角菱，四角菱在過年時種、五月份開始採收，二角菱在端午節種、中秋節採收，錯開季節好增加收成；而一般我們在上面上看到帶殼的大多為二角菱，卻少見四角菱，是因為四角菱剝殼不易，所以大多以果仁的方式銷售。王耀文的菱角田有兩個品種，而且他在採收完菱角後，會讓土地經過曝曬再翻土，這樣可以讓土壤更健康；甚至他還自己費工培育菱角苗，為的是確保真正有機。

王耀文還說：「除了水雉之外，我們的田也有很多青蛙，代表我們的『綠保田』真的很生態；甚至紅冠水雞也會來我的田裡築巢，我也不驅趕他們，但是這種鳥在築巢時會大量破壞稻田，很多農夫都討厭他們。」

水雉與菱角共生的寶地

為了顧及生態而種植綠保有機菱角的還有鄭英華大姐，她與夫婿吳老師，1980年便買下葫蘆埤一帶的三公頃農田，當時這裡是養豬、養魚的地方，後來因為兩人紛紛當了老師和公務員，便把養殖場租給他人繼續做，之後這裡又荒廢了五、六年，成為生態豐富的溼地。夫妻倆退休後，想要復耕農田當休閒，便在一年前開始加入「綠保」行列，除了保留房舍旁的大魚池當生態池之外，其他1.5公頃都整地成為菱角田，而且只種四角菱，採收完之後就讓它成為生態池。鄭大姐的菱角田連消除福壽螺的苦茶粕都不放，因為苦茶粕也會傷害其他生物，所以他們寧可親手撿螺。

因為當年的水雉毒殺事件，反而促成葫蘆埤的「綠保作物」開始推動，加上原本就已在經營的有機農場，讓葫蘆埤繼續成為水雉等生物的棲息天堂，現在就待更多農友放棄農藥，讓知名的官田菱角都能吃出健康！

有|機|寶|貝|農|民|曆

1月　2月　3月　4月　**5月**　6月　7月　8月　9月　10月　11月　12月　全年

水稻：官田的稻米和菱角輪作，所以一年只有一收。

5～9月四角菱：官田地區的菱角有兩個品種，一種是四角菱、一種是二角菱。

5～11月二角菱：慣行菱角可採六、七次，有機菱角卻只能採三、四次，但可以讓土壤更健康，吃得更安心。

↑圳道左側是有機田，右側是慣行田

↑得白絹病的菱角葉

↑四角菱

↑四角菱角仁

↑四角菱

↑二角菱

- 主要作物：
  水稻（5月收）、二角菱（9～11月收）。
- 次要作物：
  四角菱（5～9月收）。
- 農特產品：
  菱角仁、菱角粿、菱鄉米、米粉。
- 特殊生態：
  水雉、青蛙、蛇、白鷺鷥。

↑菱香米與有機米粉

[01] 友善大地生態教育農場

這裡是「友善大地有機聯盟」的辦公與集散貨用地,也是訪客做葫蘆埤有機生態導覽的中心,裡面還有一間多功能教室與一座有機農場,以作為有機農業與生態教育的場所。

有機農場內有各種水生植物,如:蓮花、荷花、菱角、荸薺等,也有雞、鴨、鵝等家禽,池中還有魚、蝦等生物,示範農作物與各種生物之間也能和平共存。

[02] [03] 葫蘆埤自然生態公園

最早於清康熙年間由鄉民於低窪聚水處修築土堤而成,因形似葫蘆而名為「葫蘆埤」,葫蘆頂位在中山路二段(縣道176)南側的隆田里,而葫蘆底則位在北側的隆本里境內,是清朝時期當地農民的重要灌溉水源,以及魚蝦養殖池,也是本地的重要溼地之一,孕育豐富生態。

2002年,台南縣政府打造此處為「葫蘆埤自然生態休閒公園」,以保持原有水田溼地生態為前提,連結埤中島及四周,成為國家級濕地生態區,是第二級保育類動物——水雉的重要棲息地之一,與周遭的菱角田贏得「菱田舟影」之美名,現已成為當地居民休閒、垂釣的好去處。

令人不解的是,既然是以保育生態為前提的「自然生態公園」,為何還要建設大型建築以推廣獨木舟?人類的過度活動對生態保育有極大的衝突,這樣的規劃似乎有欠考量?

[04] [05] 水雉生態教育園區

當年由於高鐵將劃過葫蘆埤這個重要溼地,嚴重威脅水雉的生存,當地環保人士便要求施工單位必須提出保育計畫才能動工。於是,1999年底,選中位於葫蘆埤南邊2公里處的台糖隆田農場,由台南縣政府向台糖公司租用15公頃土地,租金由交通部高速鐵路工程局與台灣高速鐵路公司支付,並委託中華民國野鳥學會與台灣濕地保護聯盟所成立的「水雉搶救委員會」執行整個復育計畫,因而產生這個「水雉生態教育園區」。

有「凌波仙子」美名的水雉,目前全球僅存約兩千多隻,光是台南就有一千七百多隻,多分布在八掌溪至曾文溪之間的平原地帶,尤其菱角水田是牠們的最愛,農委會於1989年公告為第二級保育類動物。在這座全國唯一的「水雉生態教育園區」內,可透過賞鳥牆見到優雅的水雉在菱角葉上穿梭覓食的身影,也可認識各種水生植物,以及鳥、蛇、蛙類等動物,是一處可親近觀察溼地生態的空間。

人文與生態導覽地圖

[06] [07] 西庄

在縣道171旁有一座迷人的小村莊——西庄，在這裡可見許多傳統的閩式紅磚屋，也因為前總統陳水扁的祖厝座落於此而聲名大噪，許多相關觀光產業繼之而起。

主要信仰中心——惠安宮是座媽祖廟，1931年由鄉民集資興建，1997年又募款重建，香火鼎盛。據惠安宮的碑載：明鄭時期此地稱為「二太爺庄」，清領期間隸屬麻荳堡，並將二太爺庄一分為二，成了東庄與西庄，日治時期改歸入官田庄。

西庄跟其他官田地區一樣，都是以農業為主要生產活動，春天種稻，夏天種菱角，以提高產值，菱角種植面積甚至是官田地區之冠。

台南市官田區人文與生態導覽散步地圖

諮詢窗口
■ 友善大地有機聯盟
隆本里中山路二段400巷30號
李价斌，06-5795775

有機菱角田 ●

友善大地生態教育農場 ●

葫蘆埤自然生態公園

中山路

隆田火車站 ●

福德祠

84

西庄 ●

曾文溪 84 東西向快速公路北門玉井線 84

水雉生態教育園區

川文山 ●

1

024

屏東縣
三地門鄉
德文村

| 敲 | 門 | 磚 |

■ 在日治時期就廣植咖啡的
三地門德文村，近年在多
位有心人士的推廣下，咖
啡樹再度現身於德文村各
個角落，八八風災之後也
復育了傳統作物——紅
藜，以有機自然農法栽
種，並發展部落旅遊。

01 德文部落的入口意象
02 德文村入口有石碑敘說遷移史

|社|區|風|貌|

移居到茅草很多的地方

　　從屏東三地門鄉「台24線」往上走，經過「三德檢查哨」之後，左邊有一條叉路－屏山線產業道路，往上走到海拔800至1200公尺處，有一座正在發展自然生態農法的山地村－德文。德文村由四個小部落組成，「相助巷（Kingdaruan）」住的是魯凱族人，其他三處：德文巷（Katukuvulan）、上北巴（Tesepayuwan）、下北巴（Sekaumagan），則是以排灣族為主的部落。

　　德文的排灣族語為「Tukuvulj」，意思是「茅草很多的地方」。據說最先來到德文村居住的是魯凱族人，大約十八世紀，他們從霧台鄉越過隘寮北溪而來，後來排灣族人也遷居此處，逐漸形成現在的四個聚落，使德文村成為魯凱與排灣的文化交匯處。

　　日治時期，德文部落的女頭目Murino對日本人有救命之恩，日人為了感念德文人，便在德文興建高等學校（現德文國小），並設置農業試驗場（現德萊公園下方），曾經是大武山上最熱鬧之聚落，當時有五百多戶。德文過去還有「八景」：天鵝湖、情人湖、天虹瀑布、觀望山、蝙蝠洞、大石橋、古石城、大雀榕，使德文的觀光業也盛極一時。

01 遠眺德文村的兩個部落—上北巴與下北巴
02 德文部落入口處的大雀榕

災後思索與土地的關係

2009年的「八八風災」，造成大武山的地貌大幅改變，德文八景一一消失，現在只有被稱為「觀望山」的德文山，以及德文與三地門交接處的「古石城」，和德文部落入口處的「大雀榕」僅存，而前往蝙蝠洞的道路已經中斷，其餘則掩埋在土石之中。部分人口也因為土石流失、屋舍受損嚴重而遷移到「長治大愛」永久屋居住（共有34戶，以相助巷為主），使原本有160多戶的德文村，現在銳減到100多戶。

從「八八風災」之前就已經輔導三地門鄉做藝術產業的「地磨兒文化產業藝術協會」，在「八八風災」之後，繼續輔導德文、達來、三地等三村做產業發展；其中，「德文村」便是以有機農業與生態導覽為主。「地磨兒文化產業藝術協會」的社區營造員——莊爵瑋，從「八八風災」發生後，就協助協會處理救災工作，到後來的產業發展他也一直多有參與。

莊爵瑋說：「八八風災的可怕，讓我們思索人與土地的關係，2010年我們便在德文村尋找到一塊廢耕多年的梯田，開始種紅藜等傳統作物，並做有機認證，讓部落族人一起來學習有機農作的耕種方式

與認證程序，希望將有機產業推廣到全村。」有機認證的農地從最初的三分地逐年增加，到2014年已認證一甲，紅藜與高麗菜等作物一起雜種或輪種，以均衡土地肥力。

種有機紅藜除了澆水、疏苗、除草之外，其他不需要太多照顧，通常一年可兩收；但種有機高麗菜等蔬菜，需要的人力照顧較多，尤其在防治蟲害方面，通常使用蘇力菌、黏蟲板、性費洛蒙等方法，甚至要人力抓蟲，十分費工。蔬菜與雜糧收成之後，大多到有機市集販售，少部分則是透過網路、餐廳等行銷管道，由於貨源還不是很穩定，尚無契作等大量生產。

找回日本時代的咖啡樹

雖然德文村的有機蔬菜種植面積還不是很大，但其實早在「八八風災」之前，德文村的大片耕地便種著咖啡樹，這些咖啡採自然農法栽種，不灑農藥、化肥、除草劑，雖還沒有經過有機認證，卻同樣環保自然。

最早一批受到推廣而在德文村種植咖啡的林武夫，回憶最初種咖啡的機緣：「2001年，屏科大教授因為在日本文獻上看到德文曾經種植大量咖啡，而且還曾經在美國獲得銀牌獎，便找上當時的三地門鄉鄉長——包水生，一起尋找德文的老咖啡樹並推廣大量種植；而我家因為是魯凱族的貴族，在古石城擁有24公頃的林地，上面正有許多日本時代留下來的老咖啡樹，於是我便一起成為德文首批種植咖啡的農戶。」

當年輔導德文種植咖啡的人是李松源牧師，他教導德文農民如何將日本老咖啡樹分苗分距栽種，

01 地磨兒協會請當地農民種植的有機紅藜
02 德文村到處可見咖啡樹

並以不施灑農藥、化肥、除草劑的自然農法來培植，也教導農民辨識成熟的咖啡果，以及教授後續的生豆處理方式。林武夫以其本身對植物與生俱來的濃厚興趣，加上他母親是日治時期的手工咖啡烘焙師之故，他不僅向李牧師潛心學習，還向日本師父請益，使他成為咖啡達人，並在三地門等地區教授咖啡樹的種植與咖啡豆的製作，甚至在2006年自創品牌，頗獲好評。

林武夫說：「我的咖啡樹種在以相思樹為主的雜樹林中，這裡有各種香氣濃郁的樹種，例如：台灣山桂花、油桐花樹、燈稱花樹、水錦樹等等，咖啡樹吸收這些大自然的精華，加上高海拔的氣候，以及地力佳、排水性佳等土壤特性，使我的咖啡豆擁有豐富的口感層次。」林武夫的咖啡樹管理也很有一套，不僅疏枝使陽光可以充分照射，也在除完雜草後，直接將草葉覆蓋在土壤上，藉此涵養水土，使種出品質優良的咖啡豆變得容易許多。

01 林武夫的咖啡園
02 林武夫與他的咖啡園
03 林武夫的咖啡果結實累累

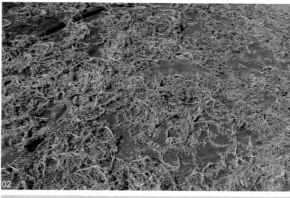

01 「地磨兒文化產業藝術協會」的社區營
　　造員──莊爵瑋
02 在德文部落內的晒紅藜

自創咖啡品牌

　　德文咖啡因為推廣得早、品質佳，在台灣已經做出口碑與知名度，使得德文村的咖啡種植面積廣達50公頃，分屬86戶咖啡農，但也正因為產量大，銷售管道不穩定，加上人為刻意炒作，價格紊亂，許多咖啡農等著盤商待價而沽，造成大量咖啡豆的囤積與變質。為了解決德文咖啡農長久以來的問題，有些人便結合多位咖啡農一起做聯合行銷，共同發展品牌，或是以合作社、產銷班的方式做品管控制和銷售，為咖啡小農提供更多銷售管道，避免完全受到盤商的控制。

　　「地磨兒文化產業藝術協會」也自創咖啡品牌，同樣為了協助德文咖啡農解決上述問題。莊爵瑋說：「以前的德文咖啡大多以羊糞作為肥料，或是採放任方式耕種，收成之後，直接將生豆賣給大盤商，價錢時高時低，對農人很沒保障。協會從2013年開始自創品牌，保價收購德文部落的咖啡，請農人經過日晒處理後，再統一烘製包裝行銷。」協會目前在三地村的「三地門文化館」設有展售中心，可以看到三地門、霧台鄉等地的各種農特產品、手工藝品等。

具有原民風的有機生態村

　　德文村除了發展有機農業之外，也做深度的部落導覽行程，除了讓遊客做手炒咖啡等農事體驗外，也有射箭、製做捕獸陷阱等獵人行程的設計，讓來訪的外賓了解德文村的產業與傳統文化。在地磨兒協會培力計畫下擔任導覽員的瑪拉伊子（漢名：田玉妹），是德文部落的頭目，她除了擔任部落導覽員之外，也在協會的有機田耕作，

自己也有一甲咖啡園,收成之後交給協會統一銷售。

　　瑪拉伊子說:「我的咖啡和紅藜等作物都是自然耕作,沒有農藥、化肥、除草劑,因為我知道這些對土壤都不好。」德文村處處可見咖啡樹,也有部落傳統作物──紅藜、芋頭等,這些作物大多以部落的傳統農法耕種,不施農藥、化肥、除草劑,讓德文成為名符其實的有機村。

01 紅藜是部落的傳統作物
02 瑪拉伊子與頭目家屋
03 瑪拉伊子訴說德文的故事

有|機|寶|貝|農|民|曆

| 1月 | 2月 | 3月 | 4月 | 5月 | 6月 | 7月 | 8月 | 9月 | 10月 | 11月 | 12月 | 全年 |

紅藜在台灣屬山區原住民傳統糧食作物，容易栽種，一年兩收，營養成分高。

小米

4～9月：是台灣野百合花開的季節，對魯凱族來說，百合花象徵純潔與勇氣，而排灣族女性則喜歡用它來做為頭飾。

10～1月：德文咖啡早從日治時期就有栽種紀錄，近年推廣有機咖啡，在台灣已經做出口碑與知名度，目前德文村的咖啡種植面積廣達50公頃，分屬86戶咖啡農。

↑小米也是原住民傳統糧食

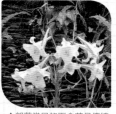
↑部落常見的百合花具傳統意涵

↑紅藜是原住民的傳統糧食作物

↑有機無毒的咖啡園

↑咖啡是德文近年的主力經濟作物

🌾 **主要作物：**
　　咖啡（10～1月收）。

🌾 **次要作物：**
　　紅藜（1月、6月收）、小米（6～7月收）、高麗菜（12月收）。

🌾 **農特產品：**
　　咖啡豆、紅藜飯、咖啡雞湯。

🌾 **特殊生態：**
　　鍬形蟲、獨角仙、蝴蝶、黑鳶、穿山甲、藍腹鷴、深山竹雞、山羌。

↑地磨兒協會自創的咖啡品牌

[01] 三地門文化館

坐落在三地門鄉公所對面的「三地門文化館」，於2006年12月10日開館，自2010年9月5日起委託「地磨兒文化產業藝術協會」經營管理，與中山公園相連，成為一處小型的文化園區。整體以排灣文化作為營造特色，將地方產業與文化藝術作結合，成為遊客進入三地門鄉的窗口。

園區內分為主體陳列館及館外活動區，陳列館內一樓為特定展覽廳，二樓為多媒體視聽室，三樓則為多功能交誼廳。館外活動區包括：三地門鄉農特產品與手工藝品展售中心、排灣三寶廣場、觀景台、生態池、假日創意市集、旅遊服務中心等設施。

[02] [03] [04] 德萊公園與獵人學校

一進入德文村就會先在路邊看到「德萊公園」，這裡的一棵大雀榕是進入村落的指標，據說已有兩百多年歷史，共有母子兩株，較細的是母株，較粗的是分株，主幹壯碩，枝繁葉茂，甚為壯觀，是德文村民乘涼休息之處。

德萊公園還有一間石板屋，仿傳統排灣族頭目家屋而建，裡裡外外都是石板構成，耐震防颱，屋頂上有幾顆大石頭，用來鎮壓石板，避免被強風吹走；屋內有祖靈柱、屋外有代表頭目的浮雕與立柱。

德萊公園後方有獵人步道，前方馬路對面上方有獵人學校，這裡提供射箭體驗、獵人體驗，還有小木屋住宿及露營區。

[05] 觀望山古道

獵人學校旁即是「觀望山古道」的起點，觀望山又名「德文山」，標高1,264公尺，古道全長約3公里，來回腳程約2小時，先抵山頂觀景台，再到繪製地形圖用的「三角點」。登山古道呈「之」字型蜿蜒而上，又被稱為「百步蛇登山道」，沿途路況不算太陡，適合全家出遊。登上高山，不僅大武山美景近在眼前，部落一一可數，天晴時，還可遠眺屏東、高雄、小琉球等處。

[06] 谷川大橋

橫跨隘寮北溪的谷川大橋，前身為伊拉橋，鄰近伊拉又名「谷川」部落，是三地門鄉前往霧台鄉的唯一聯外橋樑。伊拉橋興建於1972年，全長約53.5公尺，2009年的莫拉克風災之後，隘寮北溪河道從50公尺寬瞬間變成200公尺，漫淹河床兩邊河階地，而伊拉橋原本距離河床高度15公尺，整座橋樑直接覆沒，於是又重新建造此谷川大橋。

為避免橋樑再度輕易受損，谷川大橋從墩基到橋面高達99公尺，全長654公尺，橋身並採140公尺大跨距，成為台灣目前橋墩最高的橋樑，於2013年10月5日通車。分段谷川大橋的三地門端設置一座「八八風災救災英雄紀念碑」，是為了向張順發、王宗立、黃鎂智三位救災英雄致敬，此三人於2009年8月11日下午駕駛空中勤務總隊直升機執行伊拉部落運補任務時，不幸墜落山谷，墜毀地點就在紀念碑正後方山壁。

[07] [08] 達來部落

位於台24線邊坡上的達來部落，原名達瓦達旺，是排灣族的部落，也是三地門鄉人口最少的村落。達來部落歷經多次遷村，於1981年才遷到現址，稱為「新達來」，與「舊達來」之間以吊橋連接，橋下是隘寮北溪。

由於舊達來遷村較晚，加上交通不便，部落內的石板屋仍保存相當完整，約有35戶，在斜坡上整齊排列；而此處生態也大多保持原貌，有八成以上的黑鳶都在舊達來附近棲息。近年在「地磨兒文化產業藝術協會」的協助下，達來部落居民正積極推動生態與人文旅遊，讓外界得以認識這個美麗的地方。

屏東縣三地門鄉德文山區人文與生態導覽散步地圖

諮詢窗口 ■ 地磨兒文化產業藝術協會　三地門文化館　三地村中正路二段110號　08-7992568

025

屏東縣
瑪家鄉
瑪家村

| 敲 | 門 | 磚 |

■ 莫拉克風災過後的瑪家
　村，排灣族人從山上原鄉
　遷到「禮納里」，與另外
　兩個部落共存共榮，利用
　原鄉的傳統自然農法發展
　產業與生態觀光，引導部
　落青年回鄉，以活絡家鄉
　榮景並傳承文化。

01 瑪家、好茶、大社「大家好」三社立碑
02 瑪家生命故事牆
03 展售瑪家鄉農特產品的瑪家穀倉

|社|區|風|貌|

災後一起去新生地

　　居住在中央山脈南段大武山境內的排灣族，是台灣原住民族中的第三大族群，分布點之一的瑪家鄉被視為排灣族可能的發源地；其中，「瑪家村」排灣族語稱為「Makazayazaya」，意為「傾斜的山坡地」，原鄉位在隘寮溪上游海拔約800公尺的山腹地帶，一共分為瑪家、福山（白鷺，Palur）、崑山（瓦達，Tanavakun）三個聚落。

　　2009年的八八風災之後，瑪家村因受到山體滑落影響，全村被政府勘定為可能致害地區而選擇遷村；2010年12月，與另外兩個受災部落：魯凱族的好茶、排灣族的大社，一起被安排落居在瑪家鄉北葉村境內的台糖屬地「瑪家農場」，從此這塊狹長地被命名為「禮納里（Rinari）」，意為「大家一起去的地方」。分別來自瑪家鄉——瑪家、霧台鄉——好茶、三地門鄉——大社的三個部落，共483戶，被暱稱為「大（社）、（瑪）家、好（茶）」，從此共存共榮，攜手共同擺脫陰霾，迎向光明未來。

禮納里的三個部落各有各的產業發展方向，各自發揮所長，卻又互相扶持，使禮納里在風災遷村後因觀光產業而頗負名聲。瑪家因距離原鄉僅有半小時車程，居民尚可回山上耕種，所以部落發展以自然農作與生態導覽為主；好茶因為在2007年的聖帕颱風過後就已暫居在隘寮營區多年，後來的莫拉克颱風（八八風災）又將全村以土石掩埋，所以部落發展現以接待家庭為主；大社則因藝術家輩出，所以部落發展以手工藝產業為主。這三個部落的分工與共生，讓原鄉傳統文化在這個「我們一起去的新天地」中有了更豐富的色彩。

瑪家穀倉行銷部落產業

扮演瑪家農產品與觀光行銷角色的社區發展協會，於禮納里成立一座排灣族稱為「Kubav」的「瑪家穀倉」，不僅成為村民的農產品行銷中心，也是遊客的服務中心。這裡所提供的原鄉風味餐食材與展售的農產品大多來自瑪家村，例如：紅藜餅乾、芋頭乾、咖啡等；穀倉外也開闢一座小農園讓老人家

01 徐惠娟與紅藜
02 羅仁光與妻子唐玉好
03 傳統的紅藜吃法是加在小米粥中，紅藜嫩芽則可炒菜
04 瑪家穀倉前即將收成的紅藜

耕作，以慰解鄉愁與活動筋骨，稱之為「心靈耕地」；而做成傳統鋼盔造型的「青年聚會所」旁則有一座讓遊客了解與體驗製作芋頭乾的「芋頭窯」。

「瑪家社區發展協會」總幹事徐惠娟說：「原住民的傳統農法本來就不施灑農藥、除草劑、化肥等，所以雖然瑪家原鄉的農作大多沒有申請有機認證，卻都遵循自然無毒農法，沒有人灑藥，甚至連肥料也不需要。」「瓦達部落產業發展協會」理事長羅仁光也說：「在瑪家原鄉，看到的全是有機或無毒農作，如果你看到有人灑農藥，請你告訴我，我一定去找他。」

以部落傳統農法種植

羅仁光同時也是雜糧產銷班的班長，近年他成立這個產銷班，希望整合村內的農民與農作，將農產品推銷出去，以改善部落的經濟生活，也創造就業機會，所以除了鼓勵耕作，也引進新的農耕技術來輔導農民。他說：「瑪家原鄉種植面積約有15~20公頃，經濟作物目前以紅藜、咖啡、紅肉李為大宗，也

01 與李子園共生的咖啡樹
02 紅肉李在一月開花
03 卓志昌在瑪家原鄉做生態導覽不忘帶把刀防山豬

種植一些原住民的傳統作物，如：小米、樹豆、山地小芋頭等。」這裡的傳統農法在種植之後，就是做些疏苗、剪枝、拔雜草的工作，在防治害蟲方面也以食物鏈的天然方式解決，對農作最大的傷害反而是「猴子太多」，因為他們會吃紅肉李、咖啡等果實。

種植紅藜主要是配合政府的「一鄉一特產」，而紅藜本來就是原住民的傳統作物，最近又因它的營養價值受到肯定而漸受生技公司重視，所以被收購作為健康食品或保養品；一部分則作成餅乾、麵包等加工品，也很受消費者歡迎；而傳統的紅藜吃法則是將它加在小米粥中，讓色香味與營養都加分。

庭園咖啡成願景

瑪家也跟許多中南部地區一樣，近年趕上咖啡熱潮，許多以前種植紅肉李的區域都因咖啡經濟價值較高而改作。對咖啡很有研究的卓志昌，大約在十年前開始種咖啡，任職於小學教師的他，其實並不缺這份收入，但為了帶動部落從事咖啡種植並在禮納里從事「庭園咖啡」生意，以發展部落產業來吸引更多青壯年回鄉，他與父親在原鄉山上的1.5公頃林地種植咖啡樹，與原有的檳榔、杉樹、檜樹、相思樹、李子樹等共生。

卓志昌說：「瑪家的咖啡豆種

在海拔700至1250的山坡地，採用自然農法栽種，現在全村已有約10公頃的面積，約10戶咖啡農。」他知道台灣的咖啡豆價格偏高，所以他希望瑪家可以利用地利之便，從生產、銷售到咖啡廳都能一手包辦，或是部落族人之間互相結盟，打造瑪家在禮納里的「咖啡一條街」。

「瓦達」協會也從2014年開始認養瑪家原鄉的部分廢耕紅肉李果園，目前認養面積大約有8分地，其中留2分地給猴子享用。每年5月中到6月初的採收季節之後，各農家製作成無人工添加物的紅肉李醬，再透過協會統一行銷，也讓遊客進行採果體驗，銷售的農產品包括農家自己烘焙的咖啡、手工製的紅藜餅乾等等。

台灣普羅旺斯的困境

不灑農藥的瑪家村，不僅農作讓人吃得健康與安心，山上已經少有人跡的原鄉也成為部落文化與生態體驗的場所，「瓦達部落產業發展協會」與「瑪家社區發展協會」合作，將遊客從禮納里帶向瑪家原鄉。透過瓦達協會成員之一的卓志昌導覽，原本不起眼的一草一樹都有了豐富的故事，加上部落裡到處可見的排灣族圖騰，使瑪家有機之旅充滿人文風情。在生態導覽中，可以學到如何分辨山豬足跡，以及如何做陷阱捕捉動物，而路邊的野草、蕨類則成了野外求生的寶物，在風光迷人、桃李櫻花盛開的季節，更讓人體驗真正的台灣普羅旺斯之美。

01 卓志昌的父親正在為咖啡豆去皮
02 咖啡達人卓志昌與他的咖啡樹

　　瑪家部落的產業發展目前面臨最大的困境就是人力不足，因為村內年輕人大多離鄉工作，從事農業與觀光產業只能假日兼職，平常村內大多只剩老人與小孩，導致部分農田只好廢耕，也造成農產品經常供不應求，這是部落未來所要克服的難題。也有部分族人說：「我們既希望發展觀光，又希望不要有太多人來打擾我們，尤其老人家習慣山上安靜的生活，對於假日大批遊客湧進禮納里，有一種說不出的違合感。」或許，如何在產業發展與社區寧靜之間求得平衡，正是許多觀光社區所面臨的共同考驗。

01 瑪家原鄉美如普羅旺斯
02 瑪家原鄉的石牆
03 瑪家原鄉處處有傳統圖騰

有|機|寶|貝|農|民|曆

| 1月 | 2月 | 3月 | 4月 | 5月 | 6月 | 7月 | 8月 | 9月 | 10月 | 11月 | 12月 | 全年 |

紅藜本來就是原住民的傳統作物，最近又因它的營養價值受到肯定而漸受生技公司重視，於是成了瑪家鄉「一鄉一特產」的主要作物。

小米

紅肉李

9～1月：瑪家的咖啡種在海拔700至1250的山坡地，採用自然農法栽種，現在全村已有約10公頃的面積，近年有些果園也開始改種咖啡。

山地小芋頭是原住民的傳統作物與食材。

樹豆

↑紅藜

↑紅肉李

↑瑪家咖啡

↑芋頭

↑以紅藜為原料的特產紅藜餅乾

↑小米

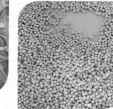
↑採收後的樹豆

↑樹豆

◉ **主要作物：**
紅藜（5～6月收）、咖啡（9～1月收）、紅肉李（5～6月收）。

◉ **次要作物：**
小米（7～8月收）、樹豆（四季）、山地小芋頭（11～12月收）。

◉ **農特產品：**
紅藜餅乾、芋頭乾、咖啡紅藜餅乾、芋頭乾、咖啡。

◉ **特殊生態：**
山豬、山羊、山羌、猴子、松鼠、樹蛙、螢火蟲。

↑烤山地芋頭的窯

人文與生態導覽地圖

[01] 禮納里永久屋

位在瑪家鄉北葉村上方這塊94公頃的土地，原爲台糖的「瑪家農場」，曾荒置多時；2009年8月8日的莫拉克颱風之後，因爲瑪家、霧台、三地門三鄉的山區受創嚴重，政府將其中的三個部落：瑪家、好茶、大社遷移至此安置，分別建造132、177、174戶永久屋，重建基地約28公頃，呈狹長型，從此這裡以排灣族語命名爲「Rinari（禮納里）」。

永久屋由台灣世界展望會出資，謝英俊建築師事務所負責設計規劃，以「輕隔間」建構，外牆爲輕鋼骨與水泥灌漿，內部隔間則爲雙面夾板，全部爲雙層設計，大多爲雙拼，少部分爲獨棟；前庭則由各家發揮巧思自行設計，使原本單調統一又缺乏原民傳統色彩的屋舍，有了部落的新生命。

[02] [03] 頭目家屋

禮納里住著三個部落，共有五間頭目家屋，門前立有石柱，以及代表頭目的圖騰，例如：百步蛇、陶壺、太陽紋等。排灣族與魯凱族都是貴族世襲制，具有很嚴謹的階級制度，雖然在基督教洗禮與民主社會濡染下，階級制度日漸式微，但頭目在傳統祭儀中仍扮演重要角色。

[04] [05] 教堂、教會

禮納里是全台教堂與教會密集度最高的部落，一共有九座，瑪家有：基督教長老教會、天主教玫瑰聖母堂、安息日教會；好茶有：長老教會、循理會教堂、天主堂、安息日教會；大社有：長老教會、安息日教會等，每間設計都別具風格。

[06] [07] 部落廣場

原住民傳統部落常見的集會場在禮納里的三個部落也都可以見到，用來舉辦各類文化與休閒活動，是當時援建單位「台灣世界展望會」依據各部落意見所規劃興建，將三個部落的文化特色分別一一呈現，瑪家有「百合花廣場」、好茶有「展演館與故事館」、大社有「穿山甲廣場」。

人文與生態導覽地圖

[08] 長榮百合國小

是禮納里唯一的小學，附設幼稚園，占地1.2公頃，由長榮集團出資興建，為一所公辦公營的原住民實驗性學校，將現行課程融入原住民文化教學，吸引除了禮納里以外的其他學生就讀，校園內也充滿排灣族與魯凱族的圖騰與色彩。

[09] 部落產業發展中心

位在長榮百合國小旁新建的「禮納里部落產業發展中心」，2014年才開幕啓用，是三個部落共有的公共設施，將扮演推動與展示禮納里手工藝產業的角色，結合三部落的藝術人才進駐與經營，包括木石鐵雕、編織、陶藝、皮雕等，以OT方式委由部落內工作室或協會來經營管理。

[10] 原住民文化園區

從北葉村往禮納里之前的另一條叉路上，通往一處位在隘寮溪上的獨立山頭，這裡於1985年被規劃為「原住民文化園區」，占地82公頃，隸屬於行政院原住民族委員會，過去也是通往新好茶部落的唯一道路。園區內展現出台灣原住民族的文化特色，設有表演館、藝文中心、文物陳列館、原住民傳統屋等等，有時也提供原住民藝術家駐村創作。

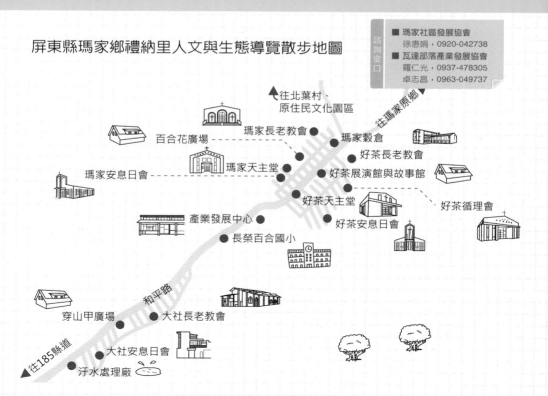

屏東縣瑪家鄉禮納里人文與生態導覽散步地圖

諮詢窗口
■ 瑪家社區發展協會
　徐惠娟，0920-042738
■ 瓦達部落產業發展協會
　羅仁光，0937-478305
　卓志昌，0963-049737

往北葉村、原住民文化園區
往瑪家原鄉
百合花廣場
瑪家長老教會
瑪家穀倉
好茶長老教會
瑪家天主堂
好茶展演館與故事館
瑪家安息日會
好茶循理會
好茶天主堂
產業發展中心
好茶安息日會
長榮百合國小
和平路
穿山甲廣場
大社長老教會
往185縣道
大社安息日會
汙水處理廠

026

Pingtung

屏東縣
獅子鄉
新路社區

|敲|門|磚|

■ 南迴公路上一個看似不起
眼的排灣社區,在一位基
督教中華循理教會新任牧
師的帶領下,幾十公頃廢
耕多時的百年梯田,化身
為一畦畦的有機菜園,讓
「新路」成為獅子鄉的明
星社區。

01 台九線南迴公路上的新路社區
02 發源自牡丹溪山的楓港溪

|社|區|風|貌|

「新路」歷程

　　在南迴公路屏東西段路旁，有一個很容易就被錯過的小社區——新路，居民多為排灣族，來自多個部落，有卡路南、久佳谷、加新路、內獅、內文等，他們先於南迴公路開通後的1939年（昭和14年），第一次被日本政府從山上遷移至山腰，後又於民國41年（1952年）被遷到現在的新路社區，行政單位西為楓林村、東為丹路村，兩村以一條小水溝為界，居民曾向鄉公所爭取劃為同一村，但無正面回應。

　　「新路」一名來自前述的一支排灣族部落「加新路」，以排灣話稱為「Avayang」，北面有楓港溪與大武山系為界，南邊則有恆春半島的第二高峰——北里龍山。楓港溪源自東邊的牡丹溪山（又名：太和山），溪谷自古以來即為台灣南部通往東部後山的重要通道，台九線的南迴公路段也有一大段是沿此溪谷而建；而今日的楓港溪床也是西瓜的溫床，台灣冬天的西瓜產地之一就在這裡。

　　新路社區除了西瓜，還有芒果也是主要作物，但兩者的農藥、化肥大多使用不少；而山坡上的百年梯田，原本種植水稻等作物，但

隨著1983年政府獎勵休耕與轉作開始，以及鄉村人口老年化等因素，這些日治時期就有的梯田逐漸荒廢，以致雜草叢生；直到2010年，在基督教中華循理教會黃惠梅牧師的努力推動下，這些梯田化身為一畦畦的有機菜園。

有機產銷的契機

黃惠梅牧師（排灣名：Gedreng Lalavuwang）於2009年到新路社區服務，原是金崙溫泉部落的排灣族人，她看到這裡有許多農田種著田菁，準備領取休耕補助，心中感到有些可惜，希望能為這個偏鄉地區做些什麼，好活絡這裡的產業。年底，剛好透過親友的介紹，知道「伊甸園自然家園發展協會」正在尋找有機蔬菜，作為癌症病友的食物，便向他們引介新路社區的農家，因為他們種著少量自己食用的蔬菜，而這些都是以無毒農法栽種，正適合癌症病友。

隔年，她又透過「伊甸園」的介紹，認識了「農業使命團契」，他們正以專業知識教授偏鄉地區有

01 正在製作野菜盆栽的黃惠梅牧師
02 部落內的百年梯田，已成為有機梯田
03 正在摘採野菜的許勝俊班長
04 用自動灑水裝置為山蘇淋浴

04

機自然農法，從此正式展開新路社區的有機產業。專家教導他們以菌作為媒介，自製堆肥、液肥，加上少許的現成有機肥料作為輔助，成了好用又低成本的天然肥料，使用三年之後，不僅產量漸趨穩定，作物外觀也很好，健康的土壤也抵抗了不少病蟲害。如今新路社區的有機作物在獅子鄉頗具知名度，許多住在附近的公教人員都會親自來跟他們購買，而黃牧師也透過教會網絡，打開了不少通路，幾乎已是供不應求。

黃惠梅牧師說：「一開始加上我，只有四戶農民願意嘗試，因為其他人大都覺得不可能成功。後來因為專家的介紹，大家對這樣的有機農法都躍躍欲試，加上『伊甸園』的保證收購，更增加了農民種植有機作物的信心。」

從廢耕田到有機田

2012年，他們正式成立有機產銷班，請來在新路社區種植有機無毒山蘇多年的前社區協會理事長——許勝俊（排灣名：Basasuan Giyu）擔任產銷班班長，現在已經有30多位班員，實際種植面積有7公頃，都是利用已經休耕多年的梯田來復耕，預計可以擴大的面積共有25公頃，可惜目前因為人力不足而受限。

1966年生的許勝俊班長說：「如果可以讓更多族人對有機產業產生信心，吸引年輕人回鄉耕種，

01 有機農民正在施灑液肥
02 新路社區的山蘇大多採自然放生
03 許班長照顧他的有機山蘇園

並且與社區導覽、生態旅遊、農村體驗做結合，便可以擴大就業機會，也會帶動社區的發展。」新路社區就跟許多原住民部落一樣，年輕人為了工作而外流，社區內五十歲以下的青壯年與年輕人不多，老人家所能耕種的田地很有限，而部分有機梯田因為耕種的老人家過世，又成為廢耕田。

新路社區的有機作物除了用益菌作為肥料的媒介與防治病蟲害之外，他們也利用作物的季節來減少害蟲的侵擾。已有多年有機栽種經驗的許班長說：「我們班員在種了幾年有機之後，發現哪些作物在哪些季節種植會沒有蟲害，尤其是秋、冬季，因為東北季風強勁的關係，蟲害較少；而夏天因為附近農地種芒果的關係，會引來很多害蟲，我們就改種野菜。」這些經驗有些是班員交流的結果，有些是請教老人家的知識，這些技巧對沒搭建網室的新路農民來說很有助益。

人人買得起的有機蔬菜

許班長自己種有2.5公頃的有機田，是班員中面積最大的，主要種植山蘇，也種些其他蔬果，以應和顧客需求。問起為什麼栽種有機作物比別人早，他說起一段傷心往事：「我父親以前是種芒果的，灑了很多農藥，因為原住民不懂得防護而得了很嚴重的肝癌。1982年，父親在往生前曾經交代我：『不要再種芒果了。』之後我也閱讀了很多相關資訊，知道農藥

與化肥對環境與人體的危害，所以我就讓芒果園荒廢了好幾年。後來我在芒果園裡試種山蘇，但是芒果會引來很多蟲，所以山蘇長得很不好。1989年，我將芒果樹砍掉，任田地荒廢，多年之後，雜木叢生，我又從1993年開始在樹林中種植有機無毒山蘇。」

　　山蘇每10至15天便可以採一次嫩芽，而且野菜原本就有比較強韌的生命力，蟲害問題不多，是很容易以有機栽種的作物，但市面上的山蘇大多為了求產量與降低成本，便施用化學肥料，這對土地來說仍有很大的傷害，當然更談不上「有機」。而新路社區的有機山蘇，大多採自然放任的方式去栽種，必要時灑水、施放有機液肥，並且在產銷班成立的那年也開始做有機驗證，照理說可以賣很好的價錢，但是善良的黃惠梅牧師，希望有機作物人人買得起，所以新路的有機蔬菜價格明顯比其他地方都要便宜。

　　種得漂亮又賣得便宜的新路有機蔬菜，在屏東、高雄地區已經擁有不少忠實客戶，每當提起獅子鄉的有機蔬菜，就讓人立即想到「新路社區」，但是不熟悉他們的新客戶，也曾經因為「太漂亮、太便宜」而被懷疑過到底是不是有機。許班長說：「有機作物因為肥力沒有過當，所以植株較小，也因為生長期較長，長得較結實；而且有機蔬果耐放，即使放久了也只會

01 從北里龍山遠眺楓港溪
02 百年梯田的遠景

枯萎而不易腐爛，這些都可以作爲
辨認。我們吃久了就知道什麼是有
機、什麼是慣行，有機比較有蔬菜
味，吃原味的就很好吃。」

「獅子好菜」品牌行銷

　　新路社區的有機農業因發展至
今已頗有成效，讓附近幾個部落也
紛紛加入新路的有機行列，如：丹
路、伊屯、南世等等，黃惠梅牧師
近年將有機農法的上課地點從新路
教會移到獅子鄉公所，正是希望有
機種植可以向外推廣，幫助部落發
展健康產業，這些有機作物目前都
以「獅子好菜」做品牌行銷。

　　黃牧師除了在新路社區推廣
有機耕種之外，也幫忙農民行銷無

毒養殖的雞、鴨、牛、豬、魚等畜
禽；遇到高麗菜盛產而滯銷時，也
會與班員一起做成水餃、泡菜等加
工品來銷售，好評不斷，讓一台善
心人士捐贈的二手冰箱，裡面經常
空無一物，偶有配送後剩下的蔬
菜，也很快被親自來買的老客戶一
掃而空。

　　不僅冰箱是捐贈的，就連送
貨的廂型車也是善心人士的愛心，
黃牧師說起這些獲贈的經過，總是
又高興，又滿心感謝，彷彿上帝一
直在暗中幫助善良的人。2014年，
有機梯田區還多了一塊「希望農
田」，這也是善心人士的愛心，他
提供有機資材費用，讓產銷班聘用

人力來耕種，所得的百分之二十作
為公基金，扣掉電費、運費、包裝
耗材等支出，其他全部作為社區學
童的課後輔導金，而學童的課後輔
導與晚餐供膳，也是黃牧師在新路
社區的服務項目之一。

居民合作共創未來

以有機農業為出發的新路社
區，以往消失的生態也慢慢恢復
了，黃牧師開始帶領班員為訪客做
田區生態導覽與農事體驗的行程，
也利用當地食材製作部落美食提供
訂餐服務，希望將來可以培訓更多
部落年輕人做導覽工作，讓他們有
收入，才能留住人才在家鄉。

新路社區發展有機產業之後，
不僅讓田地恢復生機、幫助農民增
加收入、讓外地人認識這裡，黃惠
梅牧師還提到一個意想不到的狀
況：「新路社區因為有兩個基督教
派在這裡宣教，本來兩邊教友壁壘
分明，兩個教會也不相往來。自從
發展有機農業之後，因為產銷班班
員不限教派，融合了兩邊教友，兩
個教會也變得有互動，例如：我們
最近要蓋新教堂，基督教長老教會
的牧師還幫我們做募款宣傳，讓我
很感動。」

要成功發展社區產業，靠的就
是居民的團結，相信在黃牧師以及
新路有機農民的努力下，「獅子好
荣」可以無遠弗屆。

01 正在理貨的工作人員
02 善心人士資助的「希望農田」
02 正在製作蔬菜盆栽的黃牧師與張班長

有|機|寶|貝|農|民|曆

1月　2月　3月　4月　5月　6月　7月　8月　9月　10月　11月　12月　**全年**

↑山蘇

山蘇為蕨類的一種，生長在陰暗潮溼之處，山上原住民常採取嫩葉做菜。

蔬菜、野菜、水果：「獅子好菜」有機食材已是知名有機蔬果品牌。

↑野菜萵芫荽

↑絲瓜

↑芋頭

↑長豆

↑有機地瓜田

🌀 **主要作物：**
　山蘇（每10～15天採一次嫩芽）。
🌀 **次要作物：**
　蔬菜、野菜（四季）。
🌀 **農特產品：**
　奇納福、泡菜、水餃。
🌀 **特殊生態：**
　台灣帝雉、白鼻心、穿山甲、白面鼯鼠、樹蛙、螢火蟲。

↑百年梯田有機菜園與半穴居傳統屋

人文與生態導覽地圖

[01] 百年梯田

位在新路社區後方的十多公頃梯田，開發自日治時代，當時這裡有兩個排灣族部落叫做「卡路南」和「久佳谷」，他們利用山坡地上的硬砂岩，以「燒爆法」將大石塊燒裂成小塊，然後整地堆砌成梯田，他們在1952年被遷移到新路社區之後，依然保留這裡作爲耕地，其梯田形狀至今仍完整，新路社區的有機田正位於此處。

[02] 楓港石屋

2006年，新路社區發展協會在許勝俊理事長任內，向原民會的「六新計劃」申請經費所搭建，一共蓋有五間，三間在社區，兩間在後山，以又被稱爲「楓港石」的硬砂岩所堆砌，部分仿照排灣族的傳統石屋，但過去完全不用水泥，現在則用水泥當黏著劑。原本要用來作爲傳統建築的示範屋，其中一間作爲遊客中心，但因爲向地主租借的年限已到，經費又苦無後續，現已歸還私人使用，只能觀賞外觀。

[03] [04] 迴旋橋

北里龍山上有一座國防部當年監控中國的微波電塔，從新路社區往電塔的道路，全長約6公里，途經兩座迴旋橋，正式名稱爲「等高線緩降橋」，分別建於民國60和61年（1972年），由榮工處施工，橋墩完全以人力搬運硬砂岩堆砌而成，石材來自楓港溪，用料與施工扎實，至今仍可以行車。

早年這樣迴旋造型的橋，全國只有三座，新路社區就有兩座，算是珍貴的文化資產。電塔所在位置，排灣族人稱爲「新母地安」，視野遼闊，可以清楚眺望楓港溪、台灣海峽、小琉球。

屏東縣獅子鄉新路社區人文與生態導覽散步地圖

諮詢窗口

■ 基督教中華循理教會新路教會
楓林村4巷24之5號
黃惠梅 牧師，08-8770816

■ 新路社區有機產銷班
許勝俊，0983-925518

獅子國中
南迴公路
楓港溪
獅子鄉公所
獅子鄉文物陳列館
楓林一巷
百年梯田
新路社區
迴旋橋一
迴旋橋二

027

Pingtung

屏東縣
恆春鎮
龍水社區

|敲|門|磚|

■ 位在墾丁國家公園內的龍
水里，有清澈的天然湧泉
作為灌溉水，有百多公頃
的龍鑾潭作為候鳥棲息
地，正適合發展成有機生
態村，在農會與里長的推
動下，有機瑯嶠米儼然成
為恆春新三寶之一。

01 02

01 社區埤塘旁邊正是有機稻田
02 引自龍泉的灌溉溝渠仍維持傳統工法以鵝
　　卵石堆砌

|社|區|風|貌|

天然湧出之龍泉

位在台灣最南端的恆春半島，三面臨海，且位於中央山脈之末，高度皆在800公尺以下，使多天的東北季風可以輕易掠過山頭來到恆春半島西側，造成有名的「落山風」；而氣候乾燥又易受海洋調節的特性，加上位在北迴歸線以南的溫熱氣候，使這裡產生所謂的「恆春三寶」：洋蔥、瓊麻、港口茶，如今後兩者已經沒落，只剩洋蔥依然盛產，但近年發展出的「有機瑯嶠米」，或許可以成為新三寶之一。

「瑯嶠」是恆春的古地名，據說是來自排灣族「蘭花」之意，因為這裡以前到處是野生的蝴蝶蘭，所以有了這樣的地名。「有機瑯嶠米」種在恆春鎮的龍水里，該里位在恆春古城西南方，屬於「墾丁國家公園」範圍內，里內有龍鑾潭以及稱為「龍軒水」的天然湧泉，所以過去除了山坡廣植瓊麻以作成麻繩之外，就屬稻米產量最多；而且因為氣候炎熱，使這裡的稻米成為全台最早熟之地，五月底便已收割完畢，也因為夏天天氣過熱而易生蟲害，加上政府的休耕補助，沒有第二期稻作，讓人有些意外。

改變觀念找回春天

2004年，恆春鎮農會成立「有機米產銷班」，希望輔導恆春農民種植有機米，但當時農民因擔心產值不高，所以種植意願並不高。2007年，張清彬擔任龍水里里長時，農會評估龍水里因位在龍鑾潭邊的凹陷地帶，又位在湧泉水源頭的天然條件，加上四周有道路加以隔離，以及沒有工業汙染的後天環境，非常適合發展有機稻作，所以極力鼓吹張清彬里長一起帶動里民種植健康安全的有機稻。張里長因

認同農會的理念，加上農會願意以「保價收購」的方式來認養契作，於是在龍鑾潭邊成立有機稻作區，目前已有18位農友加入，一共有11公頃的「有機瑯嶠米」專區。

張清彬里長是龍水里最大姓氏的成員之一，祖先是龍水地區第一位落戶的居民，祖宅「清河堂」是這裡最大的傳統三合院，可惜年久失修，已經頹圮不已，無法住人；但是所在地——赤崁，依然是張氏家族的聚居地，聚落前的這片農地就是有機稻作區。張里長原本不務

01 張清彬的有機田
02 飽滿結穗的有機瑯嶠米
03 即將收割的有機瑯嶠米

農，爲了帶動里民一起種有機稻，他把原先休耕的農地進行復耕，從種植經驗中與大家一起學習，所以也體驗了種植有機稻作的甘苦。

張里長說：「種有機稻最辛苦的就是除草，而我們這裡的農民大多年事已高，要他們人工除草是太過勉強了，所以我只好向鎮公所尋找資源，請清潔隊來代工，或者在社區內徵求年輕志工，讓有機稻作可以順利種植。」目前農會除了一斤以33元的價格收購之外，有機認證費用與秧苗費也由農會支付，並且補助有機肥，所以有機米的產量雖然較少，利潤卻跟慣行差不多。

問起爲什麼會想配合農會種這麼辛苦的有機米時，張里長感性地說：「想起小時候，溝渠裡總是有很多魚蝦、青蛙等，蜻蜓、蝴蝶、螢火蟲也到處都有，但自從噴了農藥之後，這些通通不見了，所以當農會來找我談時，我覺得自己身爲里長，有責任把社區內的生態找回來。」爲了維持生態，也不辜負龍泉好水，這裡的圳溝依然維持傳統的鵝卵石堆砌，這在其他地方已經十分罕見。

有機就是最佳品牌

在有機稻作區擁有兩公頃稻田的林順和，在恆春農會工作30多年至今，父親最早是以採瓊麻將孩子們拉拔長大，有了積蓄之後，便在龍水里買地養豬、養雞、養魚，也

種稻米。父親年紀大了之後，將稻田交給下一代照顧，豬舍被媳婦拆了改建民宿，雞也從幾千隻變成幾百隻，魚則變成觀賞魚。

林順和說起他種有機米的機緣，可以追溯到十幾年前，他去日本旅遊，看到日本農村的傳統生活，以及當地豐富的生態，他想起小時候跟著爸爸在山上採瓊麻的快樂童年，也感嘆起地球暖化的日益嚴重，和人類離大自然越來越遠的生活。回台灣之後，林順和便開始在魚池邊種起一棵棵樹，還把一畦水田變成生態池，希望藉由生物之間的平衡，讓池裡的魚不用再吃魚飼料，也讓稻田和菜園可以不用再施藥。但是如此「浪費」土地、浪費錢的舉動，讓他幾乎要鬧家庭革命。

後來龍水里決定要種有機米，林順和的田區又剛好在隔離帶之內，他便義不容辭加入有機耕作行列，七年之後，收成幾乎與慣行差不多，利潤甚至還要好一些。林順和說：「龍水里自從種有機米種出名氣之後，里民也開始種有機無毒蔬菜到市場賣，大家知道是龍水里種的菜，都買得很安心。」在社區農民的努力下，「有機」幾乎成爲龍水里的品牌了。

龍水人的驕傲

龍水里不僅種有機米有了成果，在生態方面也漸漸回復昔日景

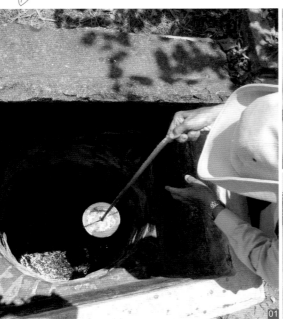

01 陳恆和打上清河堂院內的清澈井水
02 龍鑾潭是重要的候鳥棲地
03 正在收割的有機瑯嶠米

象，加上里區內的龍鑾潭一直都是候鳥棲息地，2009年，屏東科技大學接受墾丁國家公園管理處的委託，進行龍鑾潭一帶的生態調查，並且對龍水里里民進行解說員的培訓，推動生態旅遊，讓遊客認識龍水這個好地方，也讓里民有了更多與外界接觸的機會。1945年生的陳恆和老先生，便是受培訓的解說員之一。

陳老先生過去也是種稻的農夫，60歲退休之後，便與太太在自家門口賣檳榔添補家用，當他知道龍水里要做生態與文史解說員培訓時，身體還十分硬朗的他便加入了，以他對地方的熟悉，讓他很快就通過解說員的考試，從2013年開始做導覽解說，精神奕奕地帶領遊客認識這個他生長的地方。

跟著陳恆和老先生從里民信仰中心——寶靈宮開始，過了馬路走到埤仔頭的龍水湧泉，再沿著圳溝走到有機稻作區，然後到了赤崁的張氏家族清河堂，最後再到福鑾宮與龍鑾潭，每到一處他都鉅細靡遺地詳加介紹，專業程度不輸專家學者，在他的解說之中，也同時看到了他身為龍水人的驕傲。

|有|機|寶|貝|農|民|曆|

1月　2月　3月　4月　5月　6月　7月　8月　9月　10月　11月　12月　**全年**

蘿蔔俗稱菜頭，是台灣常見的時令蔬菜，含有包括維他命A、B、C、D及E等營養，醃製過的蘿蔔則是菜脯，是民間常吃的配菜。

恆春地區的稻米是全台最早熟之處，五月底就開始收割。社區里長帶頭，希望找回過去的生態環境，有機稻作即是眼前的第一步。

蔬果

黑芝麻：芝麻又稱胡麻，市面上最常見的芝麻有黑芝麻與白芝麻。既是食品也可榨油，也常運用在中醫調理上。

↑有機自然南瓜田

↑黑芝麻

↑稻米

↑龍泉之水灌溉了有機瑯嶠米

↑吃玉米長大的放山雞

主要作物：
　稻米（5月底收）。

次要作物：
　黑芝麻（一年多次）、蘿蔔（1～2月收）、蔬果（四季）。

農特產品：
　有機瑯嶠米、麻油、蘿蔔乾。

特殊生態：
　雁鴨、白鷺鷥、蜆（蜊仔）、鱔魚、蝦虎、溪蝦。

↑魚池改建的生態池

人文與生態導覽地圖

[01] 埤仔頭天然湧泉

昔日，龍水里是一片沼澤地，四周林木遮蔽，並無居民。據說某日，張姓祖先看見一隻狗，身上都是水，便跟蹤狗兒而發現這處天然湧泉，進而將湧泉引道作為灌溉用的埤圳，周遭漸成良田，也成為「埤仔頭」與「龍水」地名的由來。

[02] 龍鑾潭

龍鑾潭原為沼澤區，四周被關山、裡海山、馬鞍山、大山母山、赤牛嶺、三台山所圍繞，因地處低窪，過去逢雨必淹，1949年造土堤遂成潭，有175公頃之大，當地居民稱為「大潭」，潭水往北流出，匯入保力溪，從車城一帶入海。

每年十月至隔年五月，許多雁鴨、鷗、伯勞等鳥禽，從西伯利亞等地飛來，部分留此過冬，部分則繼續往南飛，是候鳥的天堂。墾丁國家公園管理處遂在潭邊興建「龍鑾潭自然中心」，展示鳥類生態、望遠鏡觀察、影片欣賞等。

[03] 寶靈宮

寶靈宮是龍水里的主要信仰中心，宮內主神是「司命真君」，亦即「灶神」，這跟「龍水出總舖師」的說法，以及當初建廟者有密切關係。據說以前龍水里居民都要到高山巖的福德宮去拜拜，但因為路小崎嶇難行，十分不便，有一名做廚師的里民——張謹，遂請灶神到家裡祭拜。

剛開始只是請來一面靈旗，後來又刻了一面石牌，並於1957年搭建一間小茅草屋，但茅草屋被颱風吹垮，1964年才改建為紅磚屋，並成立管理委員會。1971年又修廟頂，張謹也將地權轉讓給管委會，避免子孫將來與宮廟有所糾紛。2012年，寶靈宮進行重修擴建，但因經費不足，至今仍在建造中。

據說，寶靈宮相當靈驗，過去因為周遭種有藥草，曾有多位善男信女來此求藥之後，大病痊癒，可惜這些藥草在張謹過世後，因無人照料而逐漸荒蕪，現已無靈藥可求。

[04] [05] 瓊麻工業歷史展示區

瓊麻原產於墨西哥，屬於龍舌蘭科，1901年美軍將其幼苗贈予台灣總督府，日本人再將其試種於「恆春熱帶植物殖育場」，隸屬於「台灣纖維株式會社」。國民政府初期，由於物資短缺，瓊麻價格一度飆漲至1斤12元，恆春居民開始砍伐熱帶林搶種瓊麻，面積曾達4460公頃，瓊麻絲銷售金額高達4000萬元，有5000多位恆春人以它維生，占農業人口的四分之一，難怪成為「恆春三寶」之一。

1960年代開始，因為尼龍繩的問世，瓊麻工業逐漸成為夕陽產業；1983年，台灣省農工公司的「恆春麻場」停止生產，恆春瓊麻工業正式走入歷史。1994年，墾管處成立「瓊麻工業歷史展示區」，區內種植許多瓊麻等龍舌蘭科植物，以及多座展示館，也有多處遺址，例如：宿舍、鳥居等等，記錄與紀念那段曾經輝煌的歲月。

人文與生態導覽地圖

[06][07] 恆春古城門

西元1874年（清同治13年，日明治7年），恆春半島發生「牡丹社事件」，引發日本派兵攻打台灣，之後經過清廷調停，並派沈葆楨來台治理，遂在南台灣興築城牆以作爲海防，從此這裡也改稱爲「恆春」，是屏東最早的縣治。

恆春古城池完工於清光緒四年（1878年），共有四座城門——東門、北門、西門、南門，其上各有四具砲台，牆垣上方的雉碟有1384垛，城牆外四周設有壕溝，壕寬三丈三尺，深六尺五寸，每一城門皆有壕橋對外連繫，防禦儼然堅固完備。

恆春古城不僅可說是清朝晚期城池的代表作，也是台灣保留至今最完整的古城池，雖然歷經多次地震、戰火，現四座古城門仍屹立不搖，已公告爲二級古蹟。

屏東縣恆春鎮龍水社區人文與生態導覽散步地圖

諮詢窗口

■ 龍水社區發展協會
張清彬，0911-729778

 ● 龍鑾潭
 ● 福鑾宮
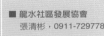
 有機稻作區 ●

龍水里活動中心 ●
 ● 清河堂

坪仔頭天然湧泉 ●

 寶靈宮

 ● 龍鑾潭自然中心

龍泉路
赤崁路

國家圖書館出版品預行編目資料

台灣有機生態家園 / 施云著.
-- 初版. -- 台中市：晨星, 2015.07
面； 公分. --（台灣地圖；36）
ISBN 978-986-177-999-7(平裝)

1.有機農業 2.休閒農業 3.台灣

430.13　　　　　　　104004918

台灣地圖036

台灣有機生態家園

作者	施云
攝影	施云
主編	徐惠雅
執行主編	胡文青
校對	胡文青、施云、沈詠潔
插圖	林育資
美術編輯	賴怡君
封面設計	賴怡君

創辦人	陳銘民
發行所	晨星出版有限公司
	台中市407工業區30路1號
	TEL：(04)23595820　FAX：(04)23550581
	E-mail：service@morningstar.com.tw
	http：//www.morningstar.com.tw
	行政院新聞局局版台業字第2500號
法律顧問	陳思成律師
初版	西元2015年7月20日
郵政劃撥	22326758（晨星出版有限公司）
讀者服務專線	04-23595819#230

印刷	上好印刷股份有限公司

定價 **450** 元

ISBN　978-986-177-999-7
Published by Morning Star Publishing Inc.
Printed in Taiwan

◆ 讀者回函卡 ◆

以下資料或許太過繁瑣，但卻是我們了解您的唯一途徑，

誠摯期待能與您在下一本書中相逢，讓我們一起從閱讀中尋找樂趣吧！

姓名：＿＿＿＿＿＿＿＿＿＿　性別：□ 男　□ 女　生日：　　／　　　／

教育程度：＿＿＿＿＿＿＿＿

職業：□ 學生　　　　□ 教師　　　　□ 內勤職員　　□ 家庭主婦

　　　□ 企業主管　　□ 服務業　　　□ 製造業　　　□ 醫藥護理

　　　□ 軍警　　　　□ 資訊業　　　□ 銷售業務　　□ 其他＿＿＿＿＿＿＿＿

E-mail：＿＿＿＿＿＿＿＿＿＿＿＿＿＿　聯絡電話：＿＿＿＿＿＿＿＿＿＿

聯絡地址：□□□＿＿＿＿＿＿＿＿＿＿＿＿＿＿＿＿＿＿＿＿＿＿＿＿

購買書名：台灣有機生態家園＿＿＿＿＿＿＿＿＿＿＿＿＿＿＿＿＿＿＿

‧誘使您購買此書的原因？

□ 於＿＿＿＿＿書店尋找新知時　□ 看＿＿＿＿＿報時瞄到　□ 受海報或文案吸引

□ 翻閱＿＿＿＿＿雜誌時　□ 親朋好友拍胸脯保證　□＿＿＿＿＿電台DJ熱情推薦

□電子報的新書資訊看起來很有趣　□對晨星自然FB的分享有興趣　□瀏覽晨星網站時看到的

□ 其他編輯萬萬想不到的過程：＿＿＿＿＿＿＿＿＿＿＿＿＿＿＿＿＿＿＿

‧本書中最吸引您的是哪一篇文章或哪一段話呢？＿＿＿＿＿＿＿＿＿＿＿＿＿

‧對於本書的評分？（請填代號：1.很滿意 2.ok啦！ 3.尚可 4.需改進）

□ 封面設計＿＿＿＿　□尺寸規格＿＿＿＿　□版面編排＿＿＿＿　□字體大小＿＿＿

□內容＿＿＿＿　　　□文／譯筆＿＿＿＿　□其他＿＿＿＿＿

‧下列出版品中，哪個題材最能引起您的興趣呢？

台灣自然圖鑑：□植物 □哺乳類 □魚類 □鳥類 □蝴蝶 □昆蟲 □爬蟲類 □其他＿＿＿＿

飼養＆觀察：□植物 □哺乳類 □魚類 □鳥類 □蝴蝶 □昆蟲 □爬蟲類 □其他＿＿＿＿

台灣地圖：□自然 □昆蟲 □兩棲動物 □地形 □人文 □其他＿＿＿＿

自然公園：□自然文學 □環境關懷 □環境議題 □自然觀點 □人物傳記 □其他＿＿＿＿

生態館：□植物生態 □動物生態 □生態攝影 □地形景觀 □其他＿＿＿＿

台灣原住民文學：□史地 □傳記 □宗教祭典 □文化 □傳說 □音樂 □其他＿＿＿＿

自然生活家：□自然風DIY手作 □登山 □園藝 □觀星 □其他＿＿＿＿

‧除上述系列外，您還希望編輯們規畫哪些和自然人文題材有關的書籍呢？＿＿＿＿＿

‧您最常到哪個通路購買書籍呢？□博客來 □誠品書店 □金石堂 □其他＿＿＿

很高興您選擇了晨星出版社，陪伴您一同享受閱讀及學習的樂趣。只要您將此回函郵寄回本

社，我們將不定期提供最新的出版及優惠訊息給您，謝謝！

若行有餘力，也請不吝賜教，好讓我們可以出版更多更好的書！

‧其他意見：＿＿＿＿＿＿＿＿＿＿＿＿＿＿＿＿＿＿＿＿＿＿＿＿＿＿＿

晨星出版有限公司 編輯群，感謝您！

✂

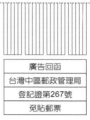